unique

U
unique

U
unique

U
unique

世界銷售冠軍告訴你，「懂提問」就能當場成交!!

頂尖業務的50個最強問句

長銷新裝版

世界銷售冠軍
青木毅
Takeshi Aoki
——著

鄭舜瓏——譯

3か月でトップセールスになる 質問型営業最強フレーズ50

CONTENTS

◎頂尖業務會優先確定時間和地點

◎頂尖業務會從客戶的託辭找到需求

2

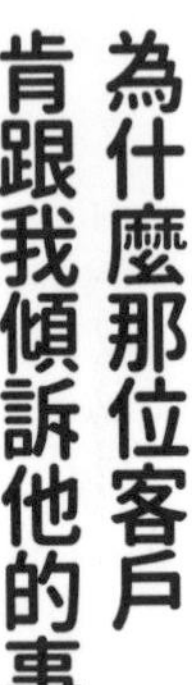

為什麼那位客戶肯跟我傾訴他的事

◎提出與客戶相關的問題

◎頂尖業務對客戶的過去和未來感興趣

3 為什麼我可以引導出客戶的欲望

◎頂尖業務會在測試成交中看出結果

4

為什麼那位客戶肯跟我買東西

◎ 客戶的欲望和需求只能透過「提問」得知

◎ 頂尖業務有辦法讓客戶主動簽約

◎ 頂尖業務懂得聆聽客戶的真心話

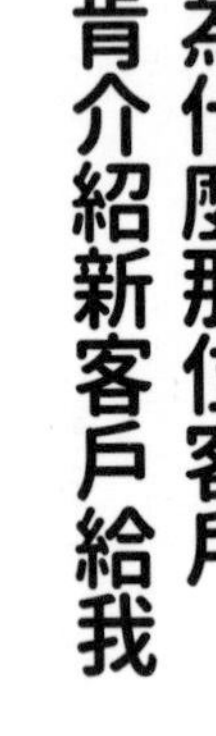

5 為什麼那位客戶肯介紹新客戶給我

◎ 頂尖業務知道口耳相傳的重要性

6

為什麼頂尖業務會不停的自問自答

導讀

◎ 與其用力說明，不如輕鬆提問題

林哲安

你想不想用更省力的方式來銷售你的產品？你想不想讓客戶跟你購買還會感謝你？你想不想讓客戶自己說服自己？

以前的我以為做業務就是一直說、一直說，說到客戶購買為止，直到後來我才明白**做業務是用問的，不是用說的**。你想想看，如果你要追求一個心儀的對象，約對方出去時，你會用說的？還是會用問的？當然是用問的，因為要用問的才會了解對方在想什麼。

我發現很多公司都在教育業務如何說，卻很少訓練他們如何問。坊間教大家如何「提問」的業務書籍也少之又少。然而頂尖業務除了會說明產品，更懂得聰明「提問」，就像本書作者所提到，**業務員最強大的武器就是「提問」**。我非常認同作者的觀念與說法。因為在我過去的業務實戰經驗中發現，透過「提問」來銷售有三大好處：

一、問問題的人能夠掌握主導權。

二、用引導的方式，不說教，不強迫。

三、讓客戶自己說服他自己。

非常感謝今周刊的邀請，讓我有幸先睹為快，推薦這本書有三大原因：

一、本書作者非常有系統的從建立關係、簡報、成交、事後追蹤到轉介整個銷售流程，整理出五十個問句，讓想要增強提問力的讀者一飽眼福。

二、本書不僅整理出五十個問句，並進一步分析該怎麼「提問」、為什麼要提這個問題，以及怎麼使用這些問句，讓讀者明白其中的奧妙和邏輯。

三、更棒的是本書不只教我們如何對客戶「提問」，還告訴我們如何對自己「提問」。就像作者在最後一章提到的「頂尖業務問自己比問客戶更深」。

看完本書讓我熱血沸騰，也學到了以前沒有使用過的絕妙問句。祝福正在看這本書的你，業績長紅，再創高峰，成為每次出擊都能當場成交的頂尖業務。

（本文作者為暢銷書《業務九把刀》作者）

導讀

問對問句，銷售冠軍就是你

林裕峯

對於本書所帶給我的人生改變，我充滿感激之情，也真誠希望每個人都能從本書受益，在閱讀本書之前，我也曾經寫過《成交，就是這麼簡單》、《銷傲江湖》兩本暢銷書。

書中我也特別強調「問對問句，扭轉人生」，說明「提問」的重要性。「提問」這件事，往往被大家忽略。我們總是滔滔不絕說自己想說的話，告訴別人產品有多好，但換來的往往是對方的冷嘲熱諷，最後就在關係破裂的情形下草草收場。

本書的目的在於幫助業務提高銷售業績。從最一開始與客戶建立關係的過程中，就教你如何快速跟客戶拉近距離，再進一步展現親和力，並使用「提問」，讓客戶自己說出現況，一步步循循善誘，陪伴客戶一起找尋解決方案。過程中也不忘傾聽客戶想法，站在客戶的角度替客戶著想，最後客戶自然會主動替你介紹新客戶，讓你客源不斷。

書中利用「感覺、想法↓思考↓行動」的流程進行，幫助讀者快速掌握「提問」的關鍵點，並結合「提問」的原理，進行自我練習和演繹，最後就能成為每次出擊都能當場成交的頂尖業務。

我從未見過像本書這樣富有價值，能夠有效改變人生的作品。閱讀本書，能讓您認識到「提問」的重要性、掌握正確的「提問」方法，並且學會如何有效的利用技巧解決客戶的問題。我建議大家，每讀完一章，就試著思考在不同的狀況下，要使用哪種「提問」。並且在讀完之後，立刻將書中的技巧運用到工作，遇到不解之處再回頭研讀。只有經過如此反覆，你才能真正掌握此書。

學會並靈活運用本書中提到的技巧，能夠讓你的業務生活揭開新的一頁。不僅客戶滿意，你也能取得驚人的銷售成果。只需短短三個月，你也可以成為頂尖業務。

擁有本書，能讓你學到系統而實用的「提問」知識。我由衷希望，《頂尖業務的50個最強問句》能助你業績更上一層樓。最後祝大家都能實現自己的銷售夢想，成為行業的銷售冠軍。讓我們開始吧！

（本文作者為亞洲提問式銷售權威）

前言

PREFACE

◎業務最強大的武器就是「提問」

什麼是業務？大多數人都以為，業務就是販售產品和服務給客戶，其實正確答案應該是**請求客戶購買產品和服務**。

這兩句話乍看之下像是說同一件事，但其實天差地別。

業務就是盡自己最大的力量幫客戶的忙。因此，做一個業務必須先傾聽客戶說話。做不到這件事的人，大概無法成為頂尖業務。就算透過強迫推銷可以暫時提升業績，但絕對無法長久。

業務最強大的武器就是「提問」。這個時代需要的業務不再是善於說明的人，**業務必須透過「提問」，讓客戶察覺自己的欲望和需求，並用自己的**

話說出來。如此一來，業務只要提出可以滿足客戶的欲望與需求的提案，不需要絮絮叨叨說明產品或服務的內容。

這本書中所介紹的所有技巧，從建立關係、簡報、成交、追蹤到請客戶轉介新客戶的方法等，都是告訴你業務如何透過精確的「提問」，讓客戶願意買單。**只要照著書中這些好用的問句與客戶對話，不出三個月，你就能成為頂尖業務**。

只要使用這些問句，你就能真實的感受到業務的真諦。

但大家一定會有疑問，該怎麼「提問」，以及什麼「提問」順序才正確呢？為了解決這個問題，本書將透過具體的會話事例，介紹這五十個提問型業務技巧的問句。

這五十句最強的問句從新手業務到管理職、企業領導者，甚至是沒有業務經驗，卻被分配到業務職位的職場老手都適用。

我做業務三十年了。在這段期間，我開發出提問型業務的技巧，並親自實踐了十八年。後來開始把提問型業務的技巧介紹給世人，也已經有八年了。透過四萬人的實踐以及回響，使我更加確信它的效果。

但在教學的過程中，常有客戶提出更高的要求，希望可以達到更精準的效果。於是我針對企業、個人、各種產品和服務的業務製作腳本。所仰賴的基礎，就是本書所介紹的提問型業務最強五十句。

本書介紹的提問型業務技巧的問句，適用於不同階段的業務行為，大家可以先從自己感到最困惑的部分看起。請各位實際使用這些問句，然後親身感受它的效果。本書介紹的業務技巧全都是以「提問」作為基礎，因此必須確實實踐它，才能明確感受到它的效果。

快速提高效果的方法有兩個：

❶ 在各階段使用這些問句。

❷ 實際感受它的效果。

我在指導提問型業務技巧的過程中，親眼看到許多業務使用這些方法之後，業績真的提高了。很多原本業績一直沒有起色的人也都在很短的時間內變成頂尖業務，而且長時間維持名列前茅。

他們的共通點就是**老老實實的使用這些以「提問」為主的問句**。

他們捨棄過去的做法，按部就班照我的指導去做。結果他們發現，客戶的表情、言語、態度全都改變了，這是他們從未有過的體驗。當然，成交的機率也提高了。

做業務不可避免一定要開發新客戶，只要照著本書的方法去做，就不用擔心這個問題。不僅如此，以後也不用擔心邀約失敗。因為有一個方法可以讓客戶幫你轉介新客戶。這也是提問型業務技巧不斷進化之後發展出來的精妙之處。

提問型業務技巧的厲害之處在於你不用說明產品，光靠「提問」就可以讓客戶主動說「我想買」。說得更誇張點，即使你不做任何與業務相關的行動，只要活用本書的五十個問句，照樣可以提高你的業績。

希望各位讀者可以確實使用這五十個提問型業務技巧的最強問句，不僅客戶高興，效果也會超乎想像，業績蒸蒸日上。我相信大家都可以在短短三個月內成為頂尖業務。期待各位都能透過提問型業務技巧，提升自己的業績。

1

為什麼那位客戶肯聽我說話

靠「提問」，就可以和客戶展開對話

在建立關係的階段中，最重要的就是讓客戶注意到你。想要做到這點，最好的方法就是「提問」。透過「提問」，你就可以和客戶展開對話，慢慢和他熱絡的聊起來。接下來，只要再透過一些「提問」增強自己說話的重要性，就可以提升客戶的購買機率。

認識建立關係的重要性

建立關係是業務的重大課題之一。畢竟這是與客戶最初的會面。客戶對業務的第一印象是好是壞，就取決於你的應對。

簡單來說，客戶可以在很短的時間內，憑感覺分出「你是幫助我買東西的人，或是只想賣我東西的人」。只要想像自己是客戶，當有業務接觸你時有什麼感覺，應該就不難理解。

當然，如果客戶看到他很想要的產品，可能會二話不說立刻買下來。但若客戶的購買動機只來自產品本身的魅力的話，業務就和一般的售貨員沒兩樣。換句話說，假設今天換一個人來賣這項產品，也賣得出去。在這種狀況下，同一個客戶大概只會向你買一次東西，而你以後大概也不會再見到這位客戶了。

但若把建立關係的過程作為一種契機，和客戶產生連結，你就能發揮業務的功用，幫上客戶的忙。因為只有你聽得出客戶需要或感到困惑之處，進而發揮同理心，並以一個專家的身分適切的提出建議。

這不僅是履行業務的職責，還能獲得客戶的感謝，感受到做業務工作的喜悅。

邀約成功是接觸順利的成果

邀約，是指透過打電話或隨機拜訪取得與客戶見面的機會。當然，客戶不會什麼狀況都不了解就答應和你見面。想要讓客戶肯見你一面，必須讓客戶覺得他有必要多聽你說明。

想要透過打電話和隨機拜訪取得見面的機會，關鍵就在於初次的溝通。換言之，初次溝通順利的成果就是成功取得見面的機會。

建立關係的訣竅

不管是用打電話或會面的方式，初次溝通都是非常重要的步驟。想要成功，關鍵就在於與客戶的對話。

在與客戶初次溝通時，有些人會疑惑：「為什麼那位客戶肯聽我說話？」換個講法就是：「為什麼那位客戶要跟我說話？」要怎麼做客戶才願意跟你說話？答案是「提問」。盡快丟出一個問題給對方就對了。首先，你必須在一個充滿親切感的溫暖氣氛中展開會話。「感謝您百忙之中抽空和我見面。」一開始先說出這句話，對方的反應就會大不相同。說完你的目的之後，緊接著提出問題，比如說：「我們公司提供○○的服務（產品），請問您有在使用○○嗎？」簡單來說就是**透過對客戶提出問題，讓客戶說話**。

你一開口，三秒內就要提出問題，藉此展開對話，然後確實展現同理心，再提出下一個問題。

建立關係時最重要的事

建立關係時最重要的事，就是讓客戶察覺業務提供的產品或服務可以解決自身的問題，實現客戶的願望。

客戶想要什麼樣的產品和服務，這個答案存在於客戶的腦中。但客戶的腦中一定經常塞滿了一大堆的情報，可能不只是工作，還包括日常生活的瑣事、小孩的事、興趣嗜好等。你必須引導出潛藏在其中的欲望、需求，還有他希望解決的問題。

在提出自家公司的產品或服務之前，就必須讓客戶先在腦中想像使用你們家的產品和服務可以解決他的什麼問題，實現他的什麼願望。

怎麼做到這一點呢？首先把焦點放在客戶的日常生活，詢問他對現在生活的想法，以及對未來的期望。在對話的過程中，你可以引導出客戶潛在的欲望、需求或相關議題，然後表示你所提案的產品可以解決他的問題。

若一開頭就說：「我有一件產品對您有幫助。」「您可以使用這項產品，讓生活變得更加便利！」一點也無法引起客戶的興趣。

要讓客戶願意聽你說話，**你必須在建立關係的過程中，從客戶口中得知他現在的欲望、需求以及相關議題**。這個時候，以「提問」為中心的問句就成了重要關鍵。接下來我就要介紹給大家，在建立關係這個階段最好用的問句。

◎頂尖業務不跟客戶說要介紹產品

1 「跟您問候一聲。」

與客戶建立關係最難的就是開頭。換言之，你第一句話得說什麼才好。若這一步走錯，通常一開始就會遭到拒絕，對方甚至會連內容都不想聽。世人有一種根深柢固的觀念，以為「業務就是推銷」。其實，業務並不是推銷。業務的工作是提供自身專業領域的情報，詢問客戶的狀況，並提供最適當的建議給客戶。這些服務必須做得好，客戶才會買單。如果沒有先弄懂這個觀念，業務就無法成功接觸客戶。

我的工作是業務顧問，有時會跟在他們身邊陪同指導，教他們怎麼做隨機拜訪，或是怎麼打電話和客戶預約時間。但在指導過程中，我發現大多數的業務在隨機拜訪的時候，他們的應對方式大抵都是下面這個模式。

業務：「打擾了，我是〇〇公司的人，敝姓X，請問□□（職稱）在嗎？」
客戶：「請問您有什麼事嗎？」
業務：「是這樣的，想說是不是可以給我一點時間，讓我來為您做個**介紹**……」
客戶：「我們不接受推銷。」
業務：「只要一點點時間就好了……」
客戶：「非常抱歉，請你先預約。」
業務：「這樣啊……」

業務一旦被這麼拒絕，通常會感到很灰心。那麼，他到底哪裡做錯了？**問題出在「介紹」這個詞**。用「介紹」這個詞，就表示你想解說自家的產品，所以人家一聽就覺得你是來推銷的。

客戶通常不會有閒工夫去聽一個素未謀面的業務解說產品內容。一般公司的櫃檯人員也被教導要拒絕這類的推銷員。

那麼，應該要怎麼做才對呢？**你不要覺得自己在跑業務，當作是去和對方交流就好了**。記得一個基本原則，先讓對方談他目前的狀況，有必要的話，再談到自家公司。以上述的例子來說，接觸過程可能會變成這樣。

業務：「打擾了，我是〇〇公司的人，敝姓X，請問□□（職稱）在嗎？」

客戶：「請問您有什麼事嗎？」

業務：「**喔，沒有，想說過來問候一下。**」

客戶：「您有預約嗎？」

業務：「沒有，我剛好人在附近，想說順道過來打聲招呼。」

客戶：「請稍等。」

這麼做，至少不會開頭就吃閉門羹。這個時候，一定要說你是過來「打聲招呼」的。說這句話，就不會讓人覺得你是業務，而是只想了解對方的狀況，順便聊聊自家公司，互相理解交流而已。

還不清楚客戶的狀況，就突然說「想要介紹」，這樣的做法未免太過自以為是，被拒絕也是理所當然。其實，你只要說，你是來**「打聲招呼」**的，**給人的印象就會完全不同**，對話的內容也會不一樣。

打電話約時間的時候也是一樣。假設我們已經先把資料送過去了，現在要跟對方約見面時間。

業務：「打擾了，我是〇〇公司的人，敝姓X，請問□□（職稱）在嗎？」

客戶：「請問您有什麼事嗎？」

業務：「是這樣的，我們前幾天有送一份資料過去。」

客戶：「我們不接受推銷。」

業務：「拜託給我一點時間就好。」

客戶：「抱歉。」

業務：「這樣啊……」

如果加了「打聲招呼」，就會變成下面這樣。

業務：「打擾了，我是○○公司的人，敝姓X，請問□□（職稱）在嗎？」
客戶：「請問您有什麼事嗎？」
業務：「沒有，**只是打通電話跟您問候一下**。」
客戶：「您有預約時間嗎？」
業務：「沒有，不過前幾天我們公司有送一份資料過去……」
客戶：「請稍等。」

業務必須先理解所謂的業務工作並不是在做推銷，再藉著「打聲招呼」的名義，把這樣的想法傳達給對方。用光明正大的態度與表現面對客戶，可以改變初次溝通時的氛圍。當然，我的意思不是光靠這個說法，就可以保證你約得到時間或見得到客戶一面，只是機率會提高許多。

而且，不管是會面或打電話，至少你不會一開始就被拒絕，減少出師不利的機會。即使被拒絕了，你也不會因此感到氣餒，拜訪下一家客戶時，心情比較不會受到影響。這是「打聲招呼」這個說法所帶來的另一個令人意想不到的效果。

2 「請問您聽過我們公司嗎？」

親自登門拜訪時提出：「請問您聽過我們公司嗎？」這個問題，感覺上會有點突兀，但實際上效果意外的好。

建立關係最重要的就是吸引客戶的注意。但前提是，要客戶理你才行。因此，許多業務都會一開始就急著告訴客戶，自家的產品多麼好，可以帶給客戶什麼效果。

但聽在客戶耳中，這都只是單純的推銷話術。「我們是專程來跟您介紹我們家的產品，本公司……」客戶一聽到這種說法，腦中浮現的一定是：「宣傳手法！」二話不說立刻關閉心扉。

假如是用閒聊的方式：「最近工作狀況如何？」帶入談話的內容，仍會被客戶詢問：「請問你有什麼事？」「你來做什麼？」最後仍不得不轉為開始介紹自家產品。

這時候，你應該詢問客戶：「請問您聽過我們公司嗎？」

〈客戶知道的狀況下〉

業務：「請問您聽過我們公司嗎？」

客戶：「喔，我知道。」

業務：「非常感謝，請問您對我們公司的印象是？」

客戶：「好像做很多宣傳廣告。」

業務：「是的，謝謝您記得我們。您看到我們的廣告，有什麼感想嗎？」

（客戶不知道的狀況下）

業務：「請問您聽過我們公司嗎？」

客戶：「沒有耶。」

業務：「這樣啊，我們是專門提供〇〇服務（產品）的公司。請問您是不是也會因為□□感到困擾？」

客戶：「呃……多多少少啦。」

業務：「這樣啊，為什麼感到困擾呢？」

透過「請問您聽過我們公司嗎」這個「提問」，就可以得知客戶對你的公司有多少了解，以及評價如何。

若對方沒聽過你的公司，你必須迅速的回應「我們是專門提供〇〇服務（產品）的公司」，讓對方對你們的背景有些概念，從這個地方切入。

除此之外，**這個問題還可以讓客戶馬上願意和你說話**。客戶不喜歡的是，自己明明對這個產品沒興趣，還要被迫聽業務做介紹。因此，業務絕對不可以在客戶沒有表示之前，恣意說明起自家的產品。

透過「提問」來詢問客戶的狀況，這種方法的效果非常好。但有時即使你「提問」了，客戶也沒有反應，這時候該怎麼辦呢？

業務：「請問您聽過我們公司嗎？」
客戶：「沒聽過耶。」
業務：「這樣啊，我們是專門提供○○服務（產品）的公司。請問您是不是也會因為□□感到困擾？」
客戶：「還好耶（沒有特別的想法）。」
業務：「那麼，請問您現在有沒有感到特別困擾的事情？」
客戶：「若要說有的話……」
業務：「原來如此，真的很令人困擾，可以再說得詳細一點嗎？」
客戶：「事情是這樣的……」
業務：「原來如此，我了解了，關於您的困擾，其實我們家的○○也可以幫得上忙。怎麼說呢……」

你只要表現出同理心，再順勢展開話題，就可以促使客戶主動說話。以

「提問」作為主導的對話，可以引導客戶說出他的需求和欲望。

當我們判斷某客戶是否為自家產品或服務的潛在客戶時，這個方法同樣非常管用。

3 「不買也沒關係。」

前面提到，現在的人對於業務只是販售商品的印象愈來愈強烈。這個印象讓業務的工作變得更加艱鉅。

在物品稀少或不容易蒐集相關訊息的時代，業務只要說明產品內容，就能把東西賣出去。但當今物品過於氾濫，消費者又能透過網路等管道輕易獲取資訊，反而變成客戶常常吸收過多資訊，抓不到重點，不知道該買什麼東西才好。由此可知，客戶需要的是能夠給他準確建議的人。

在**問句2**最後介紹的對話例句後面，你可以接著這麼說。

業務：「我們的工作就是為客戶著想，提出適當的建議。」
客戶：「……」
業務：「所以即使您不使用我們家的產品也沒關係，請不用在意。」

初次見面最重要的就是讓客戶感到放鬆，可以輕鬆和你對話。**請客戶說出他內心的感受或想法，讓他自己發覺自己的欲望與需求**。

這句話也可以影響業務的心態。若業務滿腦子想著要怎麼把東西賣出去，他與客戶的對話就會變得緊張、拘束。但這個「提問」可以幫助業務避免這種狀況發生。

當業務說出這句話時，自己也會感到放鬆，就可以輕鬆的和客戶對話。不要一開始就表明你是來賣東西的，而是透過與客戶輕鬆的對話，讓客戶自然而然願意購買你的產品。

頂尖業務會優先確定時間和地點

4 「請問方便在哪裡說話？」

「請問方便在哪裡說話？」這是當客戶答應和你見面後，你訪問他時第一句應該說的話。當雙方交換完名片，簡單打過招呼以及介紹自己的公司之後，接著你就應該提出這個問題。如果你沒有表示，客戶會以為只要站著說話就夠了。因此，你一定要問客戶：「請問方便在哪裡說話？」

業務最常犯的兩個錯誤，就是認為機不可失，當場就站著談起來，或是以為客戶會考慮到這點，事先找好適合談話的場所。

其實，這時你應該先冷靜下來，用輕鬆平穩的語氣詢問客戶。

業務：「請問方便在哪裡說話？」
客戶：「這邊請。」

業務：「謝謝。」

許多業務不敢這麼詢問客戶，認為：「這樣會不會太過強勢？」「會不會被客戶討厭？」等。

我要告訴各位，絕對沒有這回事。**客戶反而會覺得「這個人好像和一般的業務不一樣」「他好像有很重要的話要說」，更願意聽你說話。**

如果客戶回覆的是否定的答案怎麼辦？

業務：「請問方便在哪裡說話？」

客戶：「不巧場地都被人用走了。」

業務：「這樣啊，那我們就在這邊談如何？」

客戶：「可以啊。」

不用擔心被拒絕該怎麼辦，被拒絕的話，只要照上面這樣說就好。大家想想，這位客戶回答「可以啊」意味著什麼？意味著我可以站著說沒關係，請在這裡說給我聽。

假如是去客戶的家登門拜訪，常常站在玄關就可以把事情談完。所以，這時候只要像下面這麼說即可。

業務：「請問可以在這邊談嗎？」
客戶：「可以啊。」（屋子裡很亂，我們就在這裡談好嗎？）
業務：「好的，那我們就在這裡談。」
客戶：「好。」

對業務來說，**最重要的是客戶有沒有確實回應你**。即使只有幾秒鐘也好，讓客戶回答業務的問題，思考業務說的話。這個「提問」正好可以達到這樣的效果。

5 「您的下一個行程是幾點？」

確定場所之後，接下來就是確定時間。這時候你可以問客戶：「您現在方便嗎？」「大概會花您三十分鐘的時間。」

這種單刀直入的說法反而能夠確保有足夠的時間，創造讓客戶聽你說話的條件。

但有時候客戶會覺得「要花那麼多時間啊」「我接下來還有事，請你盡快結束」。這時你可以說：「您下一個行程是幾點？」讓他停止產生這種想法。

〈見面的時間是下午一點〉

業務：「您的下一個行程是幾點？」

客戶：「三點左右。」

業務：「我知道了。」

我每次和客戶見面，在進入正題之前，一定會先問這個問題。這麼一來，客戶就會覺得：「這個業務真貼心。」

客戶再次確認自己下一個行程時間是三點之後，反而更能放心的和業務談話。如果問客戶接下來有沒有空，會讓他聯想到許多工作，產生忙碌感。**若先問他下一個行程的時間，反而會讓他的內心產生一種餘裕感**。

業務似乎都不太敢跟客戶確認時間。其實這個「提問」也和前面確定場所一樣，重點在於很自然、若無其事的「提問」。只要放輕鬆，簡簡單單的詢問即可。

經由前面兩個「提問」，你已經成功確認了「地點」和「時間」。到這個地步，你總算成功打造出一個可以讓客戶認真聽業務說話的環境。

可想而知，接下來你們的會面一定非常充實。當客戶心情沉穩下來之後，比較容易回答業務的問題。業務才有辦法了解客戶的欲望和需求，提高成交率。

6 「請問您有沒有什麼疑問？」

確認「場所」和「時間」之後，下一步就是問客戶：「請問您有沒有什麼疑問？」可能有業務會對這個問題感到驚訝：「明明是業務主動拜訪客戶，怎麼可以這麼問客戶？」

沒錯，一開始要說出這句話需要一些勇氣。但不必擔心。說法有很多種，重要的是用謙虛的態度說。這樣，客戶才會說出他想問的問題。

業務：「（不好意思）**請問您有沒有什麼疑問？**」
客戶：「這個方法真的好用嗎？」
業務：「喔，關於這一點，……」

重要的是，透過回答客戶的疑問，使客戶意識到你的產品和服務。

客戶會因此重新認識、確認自身的欲望和需求。

或許有些客戶會提出反駁，這時你可以像下面這樣說。

業務：「（不好意思）請問您有沒有什麼疑問？」

客戶：「沒有，明明是你跟我約時間見面的耶。」（有沒有搞錯啊？）

業務：「謝謝您，誠如您所說，是我主動邀請您，但我想若您完全沒興趣，應該不會答應我的邀約才是……」

客戶：「這麼說也有道理啦。其實……」

業務：「原來是這樣啊，關於這一點，……」

只要這樣說，又可以接回前面的對話。在我指導的業務中，確實有很多人不敢這麼問客戶。就連我一開始也是問得心驚膽戰。

但為什麼我後來敢這麼問客戶？因為這個問題可以產生極大的效果。「沒想到問客戶問題可以帶來這麼大的效果。」自從我有了這個體驗後，就開始嘗試對客戶提出各種問題，最後連這個問題也可以大膽提出。自

從向客戶提出這個問題後我發現，幾乎所有的客戶都會爽快回應，提出他們

的問題。

當客戶對於自己的欲望與需求更加明確，就會提高自身的購買動機。換句話說，當客戶說出自己想問的事，就等於告訴自己「我就是要問這件事」「這件事對我很重要」。如此一來，他與業務溝通時，不僅認真度會提高，也會更確實的回答問題。業務也一樣，詢問客戶有什麼問題，就能知道客戶「在意什麼事情」「有什麼樣的想法」。

雙方的態度可以深化溝通，業務也可以引導出客戶的欲望和需求，並和客戶一起討論解決策略。最後，客戶對業務的看法就會從賣東西的人轉變成給建議的人。這個「提問」最厲害的地方，就是可以讓業務從販售人員變身成顧問。

7 「這個問題困擾您多久了呢？」

這應該又是會讓業務嚇一跳的問題吧。對客戶提出：「請問您有沒有什麼問題？」這個問題後，假設客戶回答：「這個方法真的好用嗎？」你就可以接著問這個問題。

下面我們透過對話的形式來表現這個狀況。

業務：「這個問題困擾您多久了呢？」

客戶：「這個嘛，已經有滿長一段時間了。」（最近才開始感到煩惱。）

業務：「這樣啊，具體來說大概有幾年了？是不是發生什麼事情了？」（最近才發生的啊，是不是什麼事情讓你產生這種煩惱？）

客戶：「事情是這樣的……」

業務：「喔，原來是這樣啊。」

透過這樣的問答，客戶心裡會怎麼想呢？他大概會想原來我這問題擱置了這麼久，而且這一擱置就是好幾年。

這個「提問」的效果就是**讓客戶恍然大悟，原來他一直沒有處理這個問**

題。接著他才會認真思考自己應該要做點什麼。透過這個問題，客戶會把注意力放在自身的想法和思考上。我們人的思考模式都是按照**「感覺、想法↓思考↓行動」**這樣的流程進行。

先讓客戶感覺到「自己應該要做點什麼」，然後他就會開始思考「該怎麼做」「該怎麼解決問題」。當他想通了，就會開始行動，而且是自發性的行動。這就是「提問」的效果。

當客戶被問到：「請問您有沒有什麼問題想問？」他會開始深入思考：「喔、對了，我想起一件事。」再被問到：「這個問題困擾您多久了呢？」他又會更加深入思考。透過這樣的問答，可以引導客戶「感覺↓思考」這樣的順序不斷往前。最後客戶內心會湧現一股欲望，希望著手解決這些問題。

提出這些問題時，有一點要特別注意，那就是語氣用詞要輕柔。要一個人內省是非常困難的。因為我們的眼睛耳朵經常都是朝外，別人的事情看得特別清楚。但業務要做的是讓客戶的眼睛耳朵朝內，思考自己的過去和感受。這並不容易。所以業務「提問」時語氣用詞必須要輕柔、溫暖，幫助客戶做到這一點。

8 「您不想改善這個問題嗎？」

你已經確定了與客戶談話的地點和時間，也問了客戶有什麼疑問，還確認客戶從何時開始有這個困擾。接下來的「提問」就是總結前面幾個問題。

業務：「○先生（小姐），您不想改善這個問題嗎？」
客戶：「這個嘛，如果可以改善的話當然很好。」
業務：「我有一個辦法可以改善這個問題，您想知道嗎？」
客戶：「真的嗎，那真是太好了。」
業務：「有一個好辦法，您只要……」

前面說過，我們人的思考模式是照著「感覺、想法↓思考↓行動」這樣的流程進行。這個模式中最重要的就是感覺，人是感情的生物，各種感情之中，最重要的就是欲望。

欲望有兩種層次，動機和動力。所謂的動機就是「我想改變它」。而動力就是「我想找出可以改變的方法、點子、手段」。

以順序來說，應該是以動機為先。先要有想改變的欲望，才會有動力去尋找方法、點子、手段，最後付諸行動。就算先找到了可以改變的好方法、好點子、好手段，若沒有想改變的動力，最後也不會付諸行動。

配合前面幾個提問，再加上：「您不想改善這個問題嗎？」就可以確認客戶有沒有改變的欲望。這個「提問」可以提高客戶產生「會，我想改善」「應該要做些什麼」的想法。

問句6「請問您有沒有什麼疑問」也是加強客戶動機的問題。而：「您不想改善這個問題嗎？」可以再次確認並同時加強客戶的動機。接著，你再問客戶：「我有一個辦法可以改善，您想知道嗎？」讓客戶產生「有這種辦法嗎？快告訴我」的想法，就能成功提高他動力。

前面提過，透過「這個問題困擾您多久了」這個「提問」，可以讓客戶恍然大悟：「原來這問題我擱置了這麼久。該想想辦法解決了。」所以它也是屬於可以提升客戶動力的「提問」。緊接著你再問他：「我有一個辦法可以改善這個問題，你想知道嗎？」可以再次確認，同時提高客戶的動力。

由此可知，前面這幾個「提問」的性質不是屬於加深動機，就是提高動力，並且可以有系統的互相搭配做使用。

做業務最重要的就是**引導客戶的欲望和需求，並提示改變的手段**。

但要注意的是，目前仍屬於建立關係的階段。進入簡報階段之後，才要開始具體說明產品內容給客戶聽。而這句「提問」正好可以測試客戶是否有興趣想聽你的簡報。所以，記得「提問」的時候，語氣和用詞一定要非常輕柔。

9 「可以請您放心聽我說嗎？」

頂尖業務打從心底認為「**業務的工作就是提供情報**」。他們知道不可能讓所有的人都採用他們的產品或服務，有時候會因為客戶的狀況不同或當下的時機不對，而不受到青睞。

頂尖業務認為「**我們的工作就是把資訊確實地提供給客戶，在此之前，必須消除客戶的警戒心，讓客戶打開心胸聽我說話**」。為了讓客戶了解這點，要使用這個問句。

業務：「〇先生（小姐），我們的工作是提供客戶資訊，有沒有使用都沒關係，**可以請您放心聽我說嗎？**」
客戶：「即使你這麼說……」
業務：「請問您是不是有什麼顧慮？」
客戶：「如果聽完你的介紹不買的話好像說不過去。」
業務：「您完全不必在意這件事，**只需要放心聽我說。**」
客戶：「這樣啊。」
業務：「〇先生（小姐），請您完全不用考慮要不要買這件事，單純把我說的話當成在蒐集資料就好了。」

有些客戶會覺得聽完介紹，不買會很不好意思。與之相反，有些客戶擔心聽完介紹，會產生購買的衝動，因為業務的口才很好，擔心自己會上鉤。

不管是哪一種，客戶腦中建構的模式就是「聽業務介紹就是購買」。而我們要做的就是**不斷強調新的模式，也就是「聽業務介紹是資料蒐集」**。

與客戶談話時，這個模式必須要提到三次：「我們的工作是提供情報，有沒有採用都沒關係。」因為只提一、兩次，客戶大抵聽過就忘了。在接觸的階段，如何消除客戶的警戒心，進入簡報的階段，是做業務工作的重要課題。只要多次重複這個問句，效果就會立即顯現。

頂尖業務會從客戶的託辭找到需求

10 「其實像您這樣的狀況，更需要……」

做業務最大卻又不得不突破的難關，就是客戶的反駁以及託辭。其中反駁大約可歸納為三種：時間、金錢、利益。以時間來說，大概就是「沒有時間使用」「沒有空談這件事」「很忙」「現在有重要的事情要做」等。以金錢來說，大概就是「沒有錢買」「生活的開銷太大」「沒有多餘的預算」等。以利益來說，大概就是「不確定是不是真的有用」「不確定現在用不用得到」「現在這樣也很好」等。

客戶的反駁或託辭大都出現在最初的關係建立，或是最後簽約的成交階段。在接觸階段，當客戶對於你提示的產品感受不到其重要性時，大都會提出反駁。在成交階段，即使客戶知道你的產品和服務很好，也可能因為費用的考量而拒絕。假如他希望能更慎重的做出判斷，就會祭出託辭「再讓我考慮一下」「我要跟〇〇商量一下」等。

一般的業務遇到客戶的反駁或託辭時，總是會急著想要說服客戶。這並非正確的做法。其實，處理這種情況有通用的法則以及用句。只要知道某些通用法則，就可以輕鬆應付這些狀況。

什麼通用法則呢？那就是「同理心加提問」。在第一階段，使用「比如說」，第二階段使用「具體來說呢」，然後在第三階段則是「其實……」**當客戶提出反駁或託辭時，必須要用同理心面對。先聽他的理由，然後為他解惑**。以下面的例子作為示範。

〈**用時間作為反駁的理由**〉

客戶：「〇先生（小姐），我知道你的東西很好，但我沒有時間使用它。」

業務：「原來是這樣，因為〇先生（小姐）有別的事情要忙啊。**比如說**，都在忙些什麼樣的事情呢？」（第一階段「比如說」）

客戶：「有些事情一定要處理。」

業務：「**具體來說**，是什麼樣的事情呢？」（第二階段「具體來說呢」）

客戶：「現在正在處理重要的專案。」

業務：「原來是這樣，真是辛苦您了。**其實像您這樣的客戶**，更需要知道這些資訊，可以幫助您更有效率地運用時間。給我十五分鐘就好，讓我給您一些建議好嗎？」（第三階段「其實……」）

〈用金錢作為反駁的理由〉

客戶：「〇先生（小姐），我知道你們的東西很好，可是我的生活開銷實在太大。」

業務：「原來是這樣，生活上確實有很多支出要負擔。**比如說**，是哪些方面的支出呢？」（第一階段「比如說」）

客戶：「現在花費幾乎都在小孩身上。」

業務：「**具體來說**，是哪些費用呢？」（第二階段「具體來說呢」）

客戶：「花最多的就是學費了吧。」

業務：「原來是這樣，真是辛苦您了。**其實像您這樣的客戶**，更需要可以節省支出的資訊。給我十五分鐘就好，讓我給您一些建議好嗎？」（第三階段「其實……」）

〈用成效作為反駁的理由〉

客戶：「〇先生（小姐），我知道你的東西很好，但我不確定它是不是真的有用。」

業務：「這樣啊，因為您還沒開始使用，所以一定會有這樣的疑惑。**比如說**，您想使用在哪個方面？」（第一階段「比如說」）

客戶：「我不確定用在工作上，會不會有成效。」

業務：「原來您擔心的是這件事啊。那麼可以請教一下，您之前使用的東西，**具體來說**成效如何？」（第二階段「具體來說呢」）

客戶：「成效不太好。」

業務：「原來是這樣，我了解了，難怪您會有這個疑惑。**其實像您這樣的客戶**，更需要知道可以獲得成效的方法。給我十五分鐘就好，讓我給您一些建議好嗎？」（第三階段「其實……」）」

〈託辭〉

客戶：「○先生（小姐），我知道你們的東西很好，不過可以再讓我考慮一下嗎？」

業務：「謝謝您，您肯考慮，就是我們莫大的榮幸。請問，

比如說，您考慮的點是哪方面呢？」（第一階段「比如說」）

客戶：「不知道有沒有辦法挪出多餘的費用。」

業務：「原來是這樣啊，**具體來說**，是什麼樣的情況呢？」

（第二階段「具體來說呢」）

客戶：「我每個月的收入是固定的，不確定是否還能挪得出費用。」

業務：「原來如此，所以您才會說要考慮一下。**其實像您這樣的客戶**，正是最適合我們的產品的人。我會告訴您為什麼，可以給我一點時間嗎？」（第三階段「其實……」）

〈**託辭**〉

客戶：「〇先生，我知道你們的東西很好，不過我要跟我太太商量一下。」

業務：「謝謝您。您還要跟您太太商量，這表示您真的很重視您太太的想法，真貼心。**比如說**，您想跟您太太商量關於哪一方面的事呢？」（第一階段「比如說」）

客戶：「要買這個東西之前，總要先讓妻子了解一下。」

業務：「原來如此，**具體來說**，要您的太太了解些什麼呢？」（第二階段「具體來說呢」）

客戶：「我們每個月的收入是固定的，我太太也會負擔到這些錢。」

業務：「原來如此，所以您才說要跟您太太商量。〇〇先生真體貼。其實像您這樣的客戶，更需要我們的產品。我會跟您**解釋理由，可以給我一點時間嗎？**」（第三階段「其實……」）

大家覺得如何？兩個階段的「同理心加上提問」，以及最後的「其實像您這樣的客戶……」，就能應付所有的反駁和託辭。這才是堪稱業務最強的通用法則和問句。

「同理心加提問」可以運用在各個階段。詳細內容，我會在**問句17**「原來如此……具體來說……」中說明。

11 「這個價錢，您不覺得很便宜嗎？」

即使知道應對的方法，要在客戶說出反駁或託辭的時候確實的推翻它，的確不是件容易的事。比起在接觸階段被客戶提出反駁，在快要成交之前出現的託辭，更容易出現這個問題。比如說在快要成交的時候，客戶才提出「價錢太貴」「再讓我考慮一下」「我回去跟太太商量一下」等說法。

有一個方法可以處理這個問題，那就是在做簡報的時候，事先加入可以避免客戶提出反駁的話語。下面舉例說明。

〈以「價錢太貴」為理由〉

業務：「○先生（小姐），當您選好您想要的產品後，我們可以提供送貨到府的服務。在自己家裡等就可以拿到產品，您不覺得很方便嗎？」

客戶：「這麼說是沒錯啦。」

業務：「常有些客戶使用這些服務後認為：『還要花錢付運送費不是太浪費了嗎？』但若是客戶自己出門買東西的話，開車要油錢，騎腳踏車也要花費體力，不是這樣嗎？」

客戶：「確實如此。」

業務：「仔細想想，**付這筆運費其實很划算不是嗎？**」

客戶：「你說的也有道理。」

〈以「研習費太貴」為理由〉

業務：「〇社長，貴公司一個月給新進員工多少薪水？」

客戶：「一個月二十萬元左右。」

業務：「果然是這樣，這還是員工領的薪水而已對吧，其他您還要負擔他們的保險費，還有公司的營運費用等許多支出，這樣平均算起來，恐怕不只二十萬，搞不好還要多一倍。」

客戶：「確實是這樣。」

業務：「請問一名新人要訓練多久才能成為戰力？最少也要三個月吧？」

客戶：「差不多是這樣。」

業務：「我們的研習課程是針對所有正職員工設計，可以立刻強化大家的即戰力，但只要新進員工一個月的薪水左右，**您不覺得這樣的費用非常便宜嗎？**」

客戶：「聽起來好像滿有道理的。」

業務一聽到客戶提出的反駁或託辭，常常不知道怎麼回應。與其說這個問題的癥結點是出在託辭，不如說這是深植於客戶腦中根深柢固的想法。事先切換客戶腦中的想法，讓客戶了解產品的性價比，不再抱怨價格，就是這些問句本來的用意。

這些問句，**不僅針對客戶，也可以加強業務的觀念，同時提高產品的價**

值。使用這些問句的成果，就是業務可以充滿自信的跟客戶介紹產品，即使客戶對價格提出質疑，也不會退縮。

2

為什麼那位客戶肯跟我傾訴他的事

提出與客戶相關的問題

為什麼頂尖業務可以順利從建立關係進展到商談的階段呢？因為他們從建立關係的階段就獲得客戶喜愛。透過「提問」，他們在短時間內就讓客戶產生「我想聽這個業務說話」的想法。

不僅如此，頂尖業務還會在建立關係的過程中，讓自己產生「我想幫助客戶」的心情。在這種狀況下，賣出產品的機率就會大幅提高。

利用閒聊創造幫助客戶的契機

讓客戶說話非常重要。如果客戶肯對業務多說話，話題自然就會落在客戶自身的欲望以及需求，並讓客戶做更深入的思考。為此，**在建立關係階段的閒聊就顯得非常重要。所謂的閒聊不是聊天氣、社會狀況等話題，而是將重點放在客戶身上。**

你可以針對客戶從事的工作或生平，用感興趣的態度提出問題。提出一些和業務無關的問題，讓客戶覺得你在閒聊。對業務來說，閒聊是為了讓會面的過程更加順暢，並且產生意義。所以，必須有意識的進行這樣的閒聊才行。

頂尖業務在提出自家產品和服務之前，會先關心客戶本身的來歷，並從這方面深入交談。他會詢問關於客戶的事，觸碰到內心的層面，讓自己產生「這個人真是個好人」的感覺，並創造出「我想盡自己的棉薄之力幫忙這位客戶」的想法。我稱它為「純粹的動機」。頂尖業務會為自己創造這樣的動機，聆聽客戶現在面臨的狀況以及問題，然後順理成章的提及自家的產品或服務。

利用閒聊可以創造進入簡報階段的理由或動機。

馬上讓客戶興起「我想聽這名業務說話」的念頭

「這名業務對我的人生感興趣，很認真聽我說話」「我從沒遇過像他這樣，一邊點頭一邊聽我說話的業務」，假使客戶對業務產生這樣的印象，客戶就不會拒絕回答業務的問題了。客戶完全不會覺得這名業務上門是為了賣產品或服務。他會覺得「這名業務居然對我的人生這麼感興趣」「他這麼認真聽我說我過去經歷，真讓人開心」，於是愈講愈起勁。

這時客戶會認為既然這個業務這麼認真聽我說話，他帶來的產品或服務的品質也一定很好。有了這種想法，客戶也會認真聽業務介紹。

「該怎麼做，才可以讓客戶聽業務說話呢？」這個問題的答案就是「**讓客戶在內心興起『我想聽這名業務說話』的念頭」。秘訣就是抱持熱忱，認真聽客戶聊自己的事情**。

頂尖業務會在內心醞釀出「我想幫助客戶」的想法

業務在進入簡報之前，必須在內心醞釀出「想幫助客戶」的心情。也就是說，當你在推薦產品或服務時，一定要抱著為客戶著想的想法。只要醞釀出這種想法，之後的簡報就能順利進行。因為接下來的建議都是站在客戶的立場，為客戶著想而提出。

那麼，我們應該在什麼時間點詢問客戶自身的事情呢？如果可以，最好在交換名片之後詢問。若沒辦法，也可以在建立關係階段的**問句6**「請問您有沒有什麼問題」之後提出。如果在建立關係階段都無法提出，那麼可以在進入簡報之後，在**問句18**「請問您為什麼願意聽我說話呢」之後提出也可以。這些狀況都屬於臨時切換話題，所以記得在問題前面加入「對了，說到這個」。

頂尖業務對客戶的過去和未來感興趣

12 「這個名字是不是有什麼特別的意義？」

怎麼樣可以向真的很感興趣的客戶「提問」呢？關鍵就在客戶的名片中。因為名片上寫著公司和個人的名字。首先，請注意客戶的名字。然後提出疑問。任何人受到關注，都會感到開心。

業務：「〇先生（小姐），△△這個名字很少見耶？」
客戶：「是的，確實很少見。」
業務：「**請問這個名字是不是有什麼特別的意義？**」
客戶：「……它有這樣的意思。」
業務：「原來是這樣啊，是誰幫您取的？」
客戶：「聽說是我父親取的。」

業務：「這樣啊，難怪○先生（小姐）看起來讓人覺得很堅強、氣宇軒昂。」

「請問這個字要怎麼讀？」「這個名字是不是有什麼特別的意義？」「您是哪裡人？」等這些問題，都可以觸及客戶的背景。從這些資料，就可以走進客戶的人生。比如說下面這個例子。

業務：「○先生（小姐），○這個姓很少見耶？」
客戶：「是的，確實很少見。」
業務：「您是哪裡人？」
客戶：「東京的△△，那邊滿多人姓這個姓。」
業務：「所以說，您生長在那裡嗎？」
客戶：「我生長在□□縣，△△是父親的故鄉。」
業務：「這樣啊，□□縣我有去過。所以您是從小就住在那裡嗎？」

客戶：「是的。」

業務：「□□縣氣候很溫暖，是個很好的地方。難怪○先生（小姐）看起來那麼爽朗。」

由於客戶的名片上寫著各種訊息，所以你可以很自然的詢問。客戶會因為業務對自己的人生感興趣而開心，自然而然也會對業務產生親切感，一口氣拉近雙方的距離。

但要注意的是，有些客戶不喜歡被問到名字的事情。這種時候，只要趕緊跳到下一個話題即可。

13「為什麼想做這份工作呢？」

當你問了幾項客戶的個人資訊後，接下來可以使用這個問句：「為什麼想做這份工作呢？」這也是很重要的問題。

從這個問題，你可以看見那個人重視什麼，以及他的生活方式。若你能對他說的內容有所共鳴，就會對他產生尊敬感還有親近感。如果客戶是企業家，你可以問他公司剛起步的事情，他會滔滔不絕的談起他的過去。

業務：「○先生（小姐）為什麼想做這份工作呢？」

客戶：「我一直都很喜歡這方面的工作。」

業務：「這樣啊，為什麼喜歡呢？」

客戶：「因為我從小就被這方面的東西吸引。」

業務：「除了這個，我猜是不是還有什麼特別的機緣讓您想做這份工作？」

客戶：「對啊，學生時期老師帶我們去參觀工廠的時候，那家工廠剛好是做這個的。」

業務：「原來如此，那時候您心裡的感覺是？」

客戶：「就是基於一份童心想說，那我以後也來做這個好了。」

業務：「真了不起。○先生（小姐）小時候屬於哪種類型的小孩？」

客戶：「這個，我想應該是屬於……類型的吧。」

這也是我個人非常重視的「提問」。客戶會做某份工作，通常會和他人生中某些際遇有關，這裡面一定有故事。「我和眼前這位客戶有緣相遇，聽這位客戶描述他的人生，讓我對於人生百態有更多的體會」——業務必須抱著這樣的心態聽客戶說故事。**當你對客戶提出問題的同時，意味著你正和客戶一同細細回味他的人生**。這時候，你心中會湧起一份情感：「這個人真是個好人！」「我想盡我的力量幫忙！」

這就是純粹的動機。客戶感受到業務對自己的人生這麼有興趣，會覺得倍受禮遇。這種業務怎麼能叫人不喜歡？這麼一來，客戶和你的距離便會一口氣縮短、增加親近感。客戶一旦卸除心防，就會跟你吐露更多事情。

14 「想必您的閱歷一定很豐富對吧？」

「〇先生（小姐）為什麼想做這份工作呢？」透過這個問題，可以讓客戶告訴你為什麼他想做這份工作，以及他過去的經歷。這時候你可以再接上：「想必您的閱歷一定很豐富對吧？」一口氣大幅加速對話的進展。

業務：「〇先生（小姐），想必您的閱歷一定很豐富對吧？」

客戶：「談不上閱歷豐富，不過確實有些經歷讓我感觸很深。」

業務：「有沒有特別令您印象深刻的事情？」

客戶：「大概就是公司草創時期的時候吧。」

業務：「發生了什麼事情呢？」

客戶：「那時候我必須處理一筆很大的索賠。」

像這樣，客戶就會回想起當時的回憶，並滔滔不絕的說給你聽。有時候可能是感傷的經歷。這時候業務應該要認真聆聽，並細細品味。

聽著聽著，通常客戶會產生兩個變化：**一個是和你變得更親近**，對你一見如故，像是見到老朋友一般，心中生起熟悉感；**另一個就是客戶會停下腳步，重新回顧自己的人生**。

請你回想至今曾見過的人，有多少人曾如此充滿熱忱的聽你訴說過去的人生。從這點來看，客戶與你見面的這段時間，絕對會成為他難忘的回憶。因為，你讓他回憶起對他來說很重要的人生體驗，讓他有機會重新回味一次。這個「提問」的威力就是這麼大。請大家好好認識這個問題的威力。一個問題，就可以聽到對方的人生，思索對方的人生，並和他變得更加親近。

15 「正因為有那樣的經驗，您才有現在的成就啊，您說是吧？」

「正因為有那樣的經驗，您才有現在的成就，您說是吧？」這也是一句很有分量的話，**因為它等於全面肯定客戶之前所說的話**。先請客戶敘述他的過去，然後當你內心產生同理心的時候，再懇切的說出這句話。

業務：「〇先生（小姐），正因為有那樣的經驗，您才有現在的成就啊，您說是吧？」

客戶：「確實如此，總算是熬過來了。」

業務：「正因為有那樣的經驗，您現在才能如此大展身手。」

客戶：「我只想盡我最大的努力，把事情做好而已。」

業務：「您有這樣的想法，無論做什麼事都會成功的。」

客戶：「謝謝你。」

假使客戶聽到業務這麼說，一定會覺得自己過去的人生全都被認同。說不定他還會感動到想緊緊抱住眼前這位業務。他這輩子能遇到幾個像這樣的人呢？

我對於這件事有深刻的體驗，這是三十多年前的事了。我剛從大學的工學院畢業沒多久，就進入餐飲業相關的公司工作。一開始是以打工的性質進入這家公司，但考慮到自己未來的發展，我下定決心繼續待在這家公司工作。本來這家公司發展得還不錯，但後來經營不善，在我進公司的第六年倒閉了。倒閉前，我已經隱約察覺到這個狀況，但既然是自己下定決心進來的公司，我希望可以一路做到最後一刻，所以在公司倒閉之前，我都沒有提出辭職。那是我二十八歲時的事。

公司倒閉後，我又繼續找工作，面試了好幾家公司。每一間面試的公司一定會問我兩個問題：「你念工學院為什麼要去餐飲業工作？」「為什麼上一間公司你堅持做到倒閉才離開？」

在這些公司之中，只有一個面試官完全沒有否定我，從頭到尾聽我說完來龍去脈。他是一間新創公司的社長，公司員工只有三個人。這位社長這麼對我說。

社長：「青木先生有過這樣的經驗啊。」

我：「是的。」

社長：「你真了不起！」

聽到社長這麼說，我愣了一下。之前在其他公司的面試中提到這段經驗，不是被懷疑，就是被否定，不敢相信有人會這麼對我說。

社長全面性的肯定當時充滿挫折感的我，我記得我眼淚都快流出來了。於是，我下定決心一定要在這間公司上班，希望能替這間公司盡一份力，和這間公司一起成長。

「你真了不起！」這句話決定了我的人生。進入這家公司之後，我就拚死拚活的工作。結果，公司在五年內，就成長為近五十人規模的公司。因為成果受到認可，最後被拔擢擔任執行董事。這句話帶給我莫大的動力，造就我現在的活躍。

同樣的，若你能聽聽客戶的人生故事，用同樣的話語去認同他，你也一定可以帶給客戶非常大的喜悅與勇氣。

詢問客戶的人生，直到你可以說出這句話為止，只要能成功說出這句話，就能獲得客戶真心的信任，客戶也會全面性的信賴你接下來所說的每一句話。

16「請問您對未來有什麼規畫嗎？」

「請問您對未來有什麼規畫嗎？」這是詢問客戶個人或公司情報的最後一個「提問」。當一個人受到全面性的肯定時，他會自然而然看向未來。

業務：「〇先生（小姐），**請問您對未來有什麼規畫嗎？**」
客戶：「這個嘛，就像我之前說的，我會用自己的方式，持續努力的工作，未來我希望可以達成一個目標。」
業務：「真的嗎，可以告訴我是什麼目標嗎？」
客戶：「其實這也是我的夢想，那就是把這個產品打造成世界級的品牌。」
業務：「真了不起，請您繼續加油，希望您能達成這個夢想。」
客戶：「是的，我會努力。」

當一個人受到全面性的肯定，就會吐露隱藏的真心話。以上面這個例子來說，假使這位客戶在前面的談話中，曾受到一點點否定或懷疑，他就絕對不會說出這樣的話。正因為他受到認同，才會卸下武裝和防備，對業務說出真心話。

請務必慎重理解客戶的這些話。若有客戶願意對你說，請好好應對，就會讓他敞開心房。這些話的重要性遠比你想像中更加深刻，能夠引導出客戶對未來的期待，讓他再次鞏固自己的決心。

像這樣，把焦點放在客戶的個人或公司，照著過去、現在、未來的順序「提問」，效果會非常好。但這個技巧並不是用來把產品賣出去。

所謂的業務並非單純販售、提供產品及服務而已。所謂的業務，應該是對人們有貢獻的工作。**對客戶本身感興趣，聆聽客戶的人生故事，做一些對客戶人生或日常生活有用處的事情，這才是業務的工作**。就這層意義來看，這個部分的「提問」非常重要。

頂尖業務利用同理心加深對談

17 「原來如此……具體來說……」

前面提過的「同理心加提問」，也可以分成三個階段展開，第一階段「為什麼」、第二階段「具體來說」、第三階段「所以說」。請大家看下面的實例。

業務：「〇社長，到目前為止，您印象最深刻的事情是什麼？」

客戶：「應該是我剛創業時的事吧。」

業務：「這樣啊，**為什麼呢？**」（第一階段「為什麼」）

客戶：「那時候每天在不安與希望當中搖擺不定。一方面下定決心要努力到底，一方面又擔心真的有辦法持續下去嗎？」

業務：「原來如此，**具體來說**，是怎樣的狀況呢？」（第二階段「具體來說」）

客戶：「我剛獨立自己開公司的時候，什麼也沒有，必須一台一台把必要的機械買齊。」

業務：「原來還有這樣的時候啊。**所以說**，這個經驗帶給你什麼樣的影響？」（第三階段「所以說」）

客戶：「這個嘛，我想應該是永遠莫忘初衷，全力以赴。」

關於這個階段，我再說得更詳細些。

第一階段用同理心「這樣啊」加提問題「為什麼呢」這份同理心會讓客戶產生有人陪伴的感覺，他會很高興。之後你再提問題，他就會告訴你理由。

第二階段用同理心「原來如此，原來是這麼回事啊」加提問題「具體來說，發生了什麼事情呢」客戶在第二次同理心的認同之下，心胸會變得更開放。接下來你就可以詢問具體的事情。

第三階段用同理心「原來發生過這樣的事啊」加提問題「所以說，這個經驗帶給你什麼樣的想法」當客戶遇到用這樣的同理心接納自己的業務，一定會很喜歡他，不知不覺吐露更多真心話。最後，你只要提出這個問題，他就會自己做出結論。

一個話題最少要往下挖掘三次。我把它稱作「三重同理心」。記得每一次都要使用「同理心加提問」。其中，同理心最為重要。向客戶表現三次同理心，他一定會打從心底覺得開心，然後接二連三的跟你吐露許多事情。

我在教授提問型業務技巧時，時常遇到學生提出各種問題，像是「我不知道怎麼樣才能和客戶的對話不中斷」「不知道要問什麼問題」「提出問題也無法持續對話」等。頂尖業務就沒有這些煩惱，他們和客戶對話的時候，可以藉由一個話題不斷的讓對話深入發展。

我絕對不是要大家漫無邊際的展開話題，必須有訣竅、有固定的模式。訣竅就是「**抱著好奇心聽客戶說話**」。頂尖業務對於客戶本身、客戶的欲望和需求，以及如何實現這些欲望和需求的相關事情，都會十分感興趣。由於他們把這些事情當作是自己的事情，所以可以真誠的和客戶產生共鳴。「這位客戶曾有過什麼樣的經歷呢？」只要你擁有這份純粹的好奇心，自然而然就會提出這些問題。接著，你和客戶的談話內容就會變得愈來愈具體，愈來愈深入。

加深對話深度的訣竅，就是「抱著彷彿是親身體驗般的心情聆聽」，加深對話深度的固定模式就是「同理心加提問」，表現方式如下：

一、「原來如此」「原來是這樣啊」——對於客戶的回答，做正面、肯定性的回應。

二、「真不愧是〇先生（小姐）啊。」——回答的同時不忘誇獎客戶。

三、「〇先生（小姐）（辛苦您了），您真是苦過來了。」——慰勞客戶。

四、「我也有過同樣的經驗，所以很了解。」——對客戶的體驗表達同理心。

「提問」的方式如下：

一、「具體來說是什麼樣的事？」——詢問具體的內容。

二、「比如說？」——詢問具體的例子。

三、「為什麼？」——詢問動機和理由。

四、「所以說，這個經驗帶給您什麼樣的想法？」——詢問話題的結論。

五、「所以說，關於未來您有什麼打算？」——詢問未來的方針。

「提問」並不是為了讓溝通變得更圓滑，進而建立人際關係。「提問」是為了了解客戶，包括客戶的感覺、想法、思考，客戶認為重要的事情、價值觀等。只要話題更加深入，你就可以更了解對方的生活方式、性格、重視的事物、價值觀。透過這些層面了解客戶，自然而然，你和客戶的溝通就會變得更圓滑，人際關係也就建立起來了。

因此，深入話題的「提問」應該要盡量簡短，不要妨礙話題進行，可以根據狀況，改變一到五的順序。

3

為什麼我可以引導出客戶的欲望

在簡報階段，不要解說，只要「提問」就夠了

使簡報順利進行的秘訣就是，**不要從解說產品和服務開始**。你必須先徹**底打聽出客戶的狀況、欲望、需求，發現客戶的問題**，然後再提出你的產品、服務作為解決策略。如此一來，客戶就會興致勃勃的聽你說話，交涉就會確實的朝成交的方向前進。對客戶來說，你的提案不僅很有衝擊力，而且還非常具有魅力。

頂尖業務都是怎麼做簡報？

什麼是簡報？簡報就是「把你希望客戶導入的主題或企畫，用有效果的方式提案的技巧」。而業務，就是把產品或服務準確的提案給客戶。

重點在於，怎麼提出你的提案？頂尖業務正確的方法就是**想辦法解決客戶的問題，實現客戶的欲望與需求**。不管你提出多少個產品或服務，若你的

提案無法實現客戶的欲望或需求，那就一點意義也沒有。

要做到這一點有一個前提，**那就是業務和客戶自己都必須理解客戶的欲望和需求，然後再進入簡報**。如果是在「客戶自以為了解」或「業務自以為了解」的狀態下進入簡報，雙方的認知會產生落差，然後在重要之處無法取得共識，客戶的心也沒辦法被打動。

像這種一般的提案方式，通常客戶會回應「再讓我考慮一下」「我再和家人商量一下」。如果雙方在認知尚未契合的狀態下就直接進入簡報階段，時常會發生這個問題。若雙方的認知契合，客戶的心情應該是「太好了，我現在就想用」才對。如何讓雙方的認知契合，打動客戶的心，做出有衝擊力的簡報？這是這個階段最為重要的部分。

為此，我們必須適切的使用「提問」，引導出客戶的欲望和需求，用適當的順序提出問題，釐清客戶的問題，這就是提問型業務技巧。這個方法很簡單，誰都學得會，每個人都可以成為頂尖業務。特別是在簡報的階段，最能發揮它的效果。

現今的業務方法大都是說明型業務

日本業務的核心精神就是以客為尊，站在客戶的立場，以客戶為主體做思考。這種業務手法發展到一定的程度，會使得業務頻繁的造訪客戶。有些客戶最後可能會臣服在這些業務的熱情之下，決定購買。這也是日本式業務手法的優點。

後來美國的業務手法被引進日本，這種手法非常具有邏輯性、系統性，也就是我們現在說的簡報。這個業務手法傳到日本已經超過四十年了。現今日本許多業務都採用這種業務手法。簡報這種手法的效果非常好，使得業務的業績也跟著蒸蒸日上。但這裡有一個問題。那就是這個方法是以業務的解說作為簡報進行的主軸，客戶只能在一旁一味的聆聽而已。

加拿大有一個節目叫《TED》風靡全世界，現在在YouTube上也看得到。這個節目是讓位在學術、娛樂、設計等各種領域的風雲人物在節目中進行簡報，堪稱是簡報的最佳範本。聽眾全都屏氣凝神，等待聆聽發表者的簡報。唯有這樣的簡報，才能獲取最佳的效果。

在歐美，消費者為了判斷某項產品或服務對自己有無用處，會聽取業務的簡報。同樣的業務手法雖然引進日本，但在日本並非每個消費者都會願意聽取業務的簡報。在重視人際關係的日本，無論你的產品或服務有多好，業務本身若沒有獲取客戶的信賴，客戶幾乎沒有意願聆聽業務做簡報。

這就是在日本和歐美國家業務的不同之處。很多日本的業務不了解這一點，就原封不動的把歐美業務的做法照搬來用，連和日本的習慣格格不入的部分也同樣沿用。雖說有些人依然因此提升了業績，但弊大於利的例子仍舊不少。歐美的做法是以解說為主，所以感覺像是在說服客戶，對於聆聽客戶自身的欲望、需求、問題這方面就顯得較為薄弱。

「日本式的業務手法和歐美式的業務手法應該不一樣。但哪裡不一樣？又應該怎麼做才好？」我不斷的思考這個問題，最後才想出本書所介紹的提問型業務技巧，以及它的簡報手法。

頂尖業務會確認客戶與自己會面的原因

18 「請問您為什麼願意聽我說話呢？」

這個問題和建立關係階段的**問句6**「請問您有沒有什麼疑問」是同樣性質的「提問」。經過上次的會面之後，為什麼這次客戶又願意花時間聽你解說提案？這個問題就是再次向客戶確認原因。

同樣的，或許很多人會覺得詢問這個問題有些唐突。因為他們擔心，假使客戶肯坦率的回答也就算了，但如果客戶不肯回答，說不定反而還會挨客戶的罵。比如說，客戶可能會生氣回說：「是你約我來聽你說話的耶，怎麼還問我原因。」等。

但是，頂尖業務會溫柔的用下面這句話回應：「當然，您說得沒錯。但假使您真的沒興趣的話，我想您應該不會花時間來赴約。可以請問您肯赴約的理由嗎？」為什麼頂尖業務敢這麼說呢？

因為他們很清楚自己做業務，**目的就是「幫上客戶的忙」**。他們跑業務的目的並非為了自己的利益。這句「請問為什麼您願意聽我說話呢」，可以讓業務成為客戶的小幫手。頂尖業務非常了解這一點。他們給人的感覺不像是業務，反而比較像諮商人員或顧問。多數業務敢不敢問這個問題，使得客戶與業務之間的關係大致抵定，再也沒有改變的機會。

業務：「謝謝您撥冗和我見面。對了，**請問您為什麼願意聽我說話呢？**」

客戶：「就如同你之前說的，老是和同一間廠商配合，配合久了不免缺乏新意。」

業務：「這樣啊，然後呢？」

客戶：「想說，聽看看其他同業的情報也不錯。」

業務：「為什麼會突然有這樣的想法呢？」

客戶：「就像上次跟你談過，我們公司的收益一直無法提升。」

透過詢問客戶願意聽你說話的理由，就可挖掘出客戶的欲望和需求。如果沒有問這個問題，業務就只能直接進入產品解說。一旦話題只圍繞在產品解說，客戶就會感覺自己只是在「聽業務說話」，不會把思考聚焦在「如何實現我的欲望和需求、解決問題」。客戶的想法會變成：「先聽看看他會說什麼，至於能不能實現我的欲望和需求、解決我的問題，之後再慢慢想。」

但是，我們的目的應該是讓客戶心想：「聽看看他說什麼，看可不可以實現我的欲望和需求。」想要讓客戶產生這種想法，就要靠「請問您為什麼願意聽我說話呢」這個問題。

19 「可以請您再說一次剛才的狀況嗎？」

這個「提問」的使用時機是在上一個問句「請問您為什麼願意聽我說話呢」之後。

業務：「因為我真的很想幫您的忙，所以可以請您再說一次剛才的狀況嗎？」

客戶：「好啊。」

業務：「雖然我已經了解您說的狀況，但容許我再問一次，可以請您再簡單的描述一次您剛才說的狀況嗎？」

客戶：「再說一次嗎？」

業務：「是的，這樣我才能判斷我這次給您的提案能否幫上您的忙。」

客戶：「原來是這樣，好啊。」

用這樣的說法，客戶很容易就會回答你的問題。這個問句的使用情境大概分成兩種。

1 第一次見面先建立關係，第二次見面才做簡報的時候。

2 第一次見面就直接進入簡報的時候。

不管是哪一種情境，你都可以提出這個問題。理由如下：讓客戶藉由回答這個問題，增強他對於剛才描述的內容的自覺。**讓客戶把自己說過的話再重複一次。他在第二次說的時候，會更深入理解內容，讓自己的欲望、需求、問題更清楚浮現，增強他採取行動的動機。**

不明白這個道理的業務，在這個時候大都會直接幫客戶整理前次的談話內容，然後立刻進入產品或服務的說明。像這樣，自己說過的話經由業務整理，客戶對自己說過的話的印象會減弱。因此，重點不在於談話的內容，重點在於**客戶對於這個內容有什麼樣的想法，想要怎麼做。**

做業務的人一定要了解這一點。「**人會依照情緒行動，不會依照理智行動**」，因此，為了引導出客戶的情緒，必須請客戶自己開口。請大家務必好好的理解讓客戶自己開口的重要性。

◎頂尖業務不做說明

20 「您對現狀有什麼看法？」

當人主動開口說話，就會對說話的內容產生自覺。詢問客戶的現狀，就有這樣的效果。

業務：「您對現狀有什麼看法？」
客戶：「現在啊，就是……」
業務：「是什麼樣的狀況呢？」
客戶：「就是……」
業務：「具體來說，發生什麼樣的事呢？」
客戶：「就是……還有……」
業務：「是怎麼一回事呢？」

客戶：「具體來說就是……最後就變成這樣了。」
業務：「○先生（小姐）對這整件事有什麼想法？」
客戶：「這個嘛……」

在這段對話中，業務不斷深入挖掘客戶目前的狀況。業務透過發問，讓客戶能夠清晰描繪自己的現況，並產生自覺，連情緒也被引導出來。接著，客戶會產生一股欲望，希望解決眼前的問題。重點在於，業務要不斷深入發問，直到客戶了解自己的現狀。有些人會擔心「問這麼深入，客戶會不會覺得很煩」「問太多好像會被討厭」等，其實這些擔心都是不必要的。

因為，業務問這些問題並不是為了賣東西，而是**希望客戶直視自己的現狀，思考自己接下來應該怎麼做**。一切都是從詢問客戶的現狀和心情開始。我們幾乎可以說，**在詢問客戶現狀這部分若做得好，接下來提案的時候就不用擔心，客戶一定會採用**。

仔細詢問客戶現狀，可以讓業務理解客戶目前的狀況和心理狀態。心理學把這個狀態稱作「投契關係」。也就是你正和客戶一起感受現狀，一起思考接下來該怎麼做的一種狀態。這才是詢問現狀真正的意義所在。

21「請問您接下來有什麼打算？」

在上一個問句中我們也說過，直視現狀非常重要。承認現實無非就是承認自己，承認自己就是承認自己的情緒，一旦客戶承認自己的情緒，他內心就會湧現「我想這麼做」「我本來就想這麼做」的心情。

業務：「在這樣的狀況下，您未來打算怎麼做呢？」
客戶：「這個嘛，其實我想這麼做……」
業務：「這是什麼意思呢？」
客戶：「我本來就想把工作往……這個領域發展。」
業務：「這個部分可以請您說得更詳細一點嗎？」

愈是詢問客戶的現狀，客戶的想法就愈會增強。當他話語中開始夾帶「其實」「本來」這些字眼，就表示他將要說出真心話。這時候你就要問得更深入一些。記得抓住一個重點即可，那就是**盡量問出具體的事情**。客戶可能會說出連自己都沒意識到非常深層的想法，甚至讓他重新認識自己的真實感覺。

人總是會掩蓋自己的欲望，用「這種事輪不到我」「我絕對做不到」等理由說服自己。因為這樣比較安全、輕鬆。但欲望絕對不會因此消失，只會繼續潛藏在他們的心底。而身為業務的你，就是要把他們的欲望引導出來，為他們添柴加火，重新點燃他們的渴望。

假如客戶的欲望薄弱，你可以像下面這樣處理。

業務：「在這樣的狀況下，**您未來打算怎麼做呢？**」
客戶：「就目前來講，沒有什麼特別的想法。」
業務：「這話怎麼說？」
客戶：「現在沒辦法抽身，**總之**，先做目前能做的就好。」

客戶這麼回答，業務很難接下去。但這是客戶的真心話嗎？不，絕對不是。因為他說了「總之」，這表示他內心做過某種妥協。這時你不需要放棄，可以試著這麼說。

業務：「那假設〇先生（小姐）有能力可以突破現狀的話，您會想怎麼做？」

客戶：「這是不可能的。」

業務：「所以我說『假設』嘛，假設可以，您會怎麼做？」

客戶：「這個嘛，我從來沒考慮過這件事。假如我有能力，我應該會……這麼做吧。」

業務：「原來如此，聽起來很不錯耶。」

任何人都有欲望，只不過通常會因為現狀的障礙太大而放棄，或是安於現狀太久，把欲望壓抑住了。無論是哪一種情況，你都要先勾起他們的欲望，然後才能往下一個階段邁進。欲望是改變一個人最好的推進力。

22 「如果夢想成真，您有什麼打算？」

這個「提問」可以更加強化客戶的欲望。因為人在腦中描繪形象，想像那份感覺之後，就會替欲望添加更多柴火。

業務：「〇先生（小姐），剛才問您未來想做的事情，**如果夢想成真，您有什麼打算？**」

客戶：「這個嘛，那就可以做很多事情了。」

業務：「比如說呢？」

客戶：「這個嘛，首先可以做……這也是我很想達成的願望之一。」

業務：「原來是這樣啊，可以說得更詳細嗎？」
客戶：「其實我從以前就一直希望可以……」

這些欲望都是伴隨著客戶的情感出現，請確實理解它，然後圍繞著他的欲望提出問題，為他的欲望添加更多柴火，讓他增添更多想像。如此一來，客戶會升起一股「我一定要達成這件事」的欲望，而且愈來愈強烈。這就是這個「提問」的效果。

業務往往在詢問客戶的需求之後，馬上提及自家的產品和服務：「我們有很好的產品可以幫助你實現這個願望。」結果太早使出可以實現客戶的欲望與需求的手段。這麼一來，就等於在客戶的情緒尚未高漲之前，就提出解決的手段。必須要讓客戶自己先有想要實現、想要解決問題的情緒，他才有意願尋求解決方式。當他的欲望沒有高漲，根本不會向人詢問，看下面這個例子就可以知道。

業務：「○先生（小姐），剛才您說您未來想做這件事情，我有一個好辦法可以幫助你達成喔。」

客戶：「這樣啊，那很好啊。」

業務：「您要不要聽看看是什麼辦法？」

客戶：「也許下次有機會再……」

在客戶的欲望尚未高漲之前，就詢問：「您要不要聽看看是什麼辦法？」客戶很容易說出否定的答案。業務在建議手段之前，應該先引導客戶產生欲望、需求，和他一起感同身受，成為幫助他實現夢想的夥伴。想要加強客戶的欲望增長，提高他欲望的能量，這個問題絕對不能省略。

23 「那麼，要實現這個想法，您覺得會面臨什麼課題呢？」

之前的問題集中在幫助客戶直視現實，增強他們的欲望，接下來終於要進入最重要的階段：找出客戶實現欲望時會面臨什麼樣的課題。鎖定客戶實現欲望時會面臨的課題。

在建立關係階段我們無法鎖定課題，一定要先讓客戶直視現實，提高欲望，之後他才有辦法進入思考課題的這個階段。比如說，假設你的產品與企業教育領域相關，你可以這麼跟客戶說。

業務：「那麼，要實現這個想法，您覺得會面臨什麼課題呢？」

客戶：「這個嘛，我想應該是如何提升員工的工作動力吧。」

業務：「這樣啊，怎麼說呢？」

客戶：「我覺得大家好像有點各做各的，沒有工作的動力。」

業務：「原來如此。」

假使客戶是這麼回答你，那就沒有問題。但有時候不會這麼順利。這時候，你要仔細聆聽客戶所描述的課題，然後再慢慢引導他關注教育的議題。下面做個示範。

業務：「那麼，要實現這個想法，您覺得會面臨什麼課題呢？」

客戶：「這個嘛，應該是提高生產力吧。」

業務：「原來如此，為什麼會這麼覺得呢？」

客戶：「提高生產力，就可以提高利益。」

業務：「聽起來很有道理。所以說，目前應該有逐步獲得改善了吧。」

客戶：「雖然進展不如想像中順利，不過確實有慢慢在改善了。」

業務：「這真是太好了。對了，您覺得如果要提高生產力，最重要的事是什麼？」

客戶：「我覺得最重要的應該是改善業務和重新檢討系統。」
業務：「那麼您對於員工教育有什麼想法？」
客戶：「其實，我覺得教育也很重要。」
業務：「原來如此，您說得不錯。」

還有一種情況是主題完全跑掉時該怎麼辦。這時候你要仔細聽對方說話，然後找機會拉回你想提案的產品或服務的領域。

業務：「那麼，要實現這個想法，您覺得會面臨什麼樣的課題呢？」
客戶：「這個嘛，我想應該是確保是否有足夠的資金吧。」
業務：「原來如此，怎麼說呢？」
客戶：「因為現在本公司的重心都放在推動新計畫上面，所以需要資金。」
業務：「目前狀況如何？」

客戶：「雖然進展不如想像中順利，不過確實有在慢慢改善了。」

業務：「這真是太好了。請問您為什麼想要推動新計畫呢？」

客戶：「因為目前的產品和服務，在未來可能會面臨嚴峻的考驗。簡單來說，就是要跳脫現狀。」

業務：「那麼，您覺得改善員工的教育問題，對於跳脫現狀有沒有幫助？」

客戶：「其實我也覺得教育很重要。」

業務：「原來如此，您說的不錯。」

假設你無法引導客戶談到相關議題，也沒辦法扯上關係，就表示時機未到，建議你先就此打住。假使對方對於你的產品或服務沒有需求，不管你再怎麼做簡報，客戶也不會買單。因為他沒有這個欲望。

24 「為此您曾做過什麼呢？」

前面我們從直視現實與欲望，談到思考課題，接下來就是提供客戶解決課題的手段。首先，我們要先問客戶過去曾用過什麼樣的方法解決課題。然後，再找機會提案自家公司的產品與服務。

當你問：「為此您曾用過什麼方法呢？」客戶就會談起他過去的作法，或者他根本沒有試著去解決。無論是哪一種情況，當你詢問他所採取的行動，他就會回歸現實層面，更認真思考如何實現欲望。

〈若客戶曾試圖做些什麼〉

業務：「○先生（小姐）。**為此您曾做過什麼呢？**」

客戶：「這個啊，是有採取一些方法。」

業務：「原來如此，您曾用過什麼方法呢？」

客戶：「我讓員工去參加很多研習。」

業務：「這樣啊，那您覺得效果怎麼樣？」

客戶：「效果還不錯啊，只是後來工作一忙起來，大家又都忘得一乾二淨了。」

業務：「原來是這樣啊。您覺得為什麼會有這種狀況發生？」

客戶：「最重要的還是要讓本人產生自覺。還有公司也該提供一些資源。」

業務：「原來如此，您說的資源是指什麼呢？」

客戶：「這個嘛，如果公司可以提供多一點研習機會的話，效果應該不錯。」

〈若客戶毫無作為〉

業務：「〇先生（小姐），**為此您曾做過什麼呢？**」

客戶：「這個嘛，目前什麼都沒做。」

業務：「原來如此。那麼，為什麼不想採取行動呢？」

客戶：「因為原本的工作就已經很忙碌了。」

業務：「這也是沒辦法的事。那麼，今後您有什麼打算？」
客戶：「我覺得應該針對教育的部分進行加強。」
業務：「您說的很有道理。那麼，您覺得要怎麼做才比較適當？」
客戶：「我想，教育最好可以和工作並行。」
業務：「原來如此。可以再說得更詳細一點嗎？」
客戶：「我的意思是，如果研習的內容可以直接應用在工作上，那就再好不過了。」

像這樣，無論客戶是否採取過行動，你都可以具體的詢問他的想法。這就是業務在提案產品以及服務時的重點。**最重要的是，你能否幫上客戶的忙，解決他目前的問題。若能做到這點，他就會採用你的產品或服務。**

頂尖業務會在測試成交中看出結果

25 「您希望實現這個想法嗎？」

這個「提問」可以讓客戶回想之前說過什麼，再次確認他的欲望，使他想實現願望的意願可以塵埃落定。**問句8**「您不想改善這個問題嗎」可以「讓客戶感受到問題的重要性」，這是從建立關係進入簡報的關鍵。接下來要介紹的問句，是以前面的「提問」為基礎，最後一次確認客戶是否真的想實現願望。如果他真的有意願，你就可以繼續往下說，如果沒有，再往下進行也沒有意義。

業務：「〇先生（小姐），您希望實現這個想法嗎？」

客戶：「這個嘛，如果可以實現的話，當然會很高興。」

業務：「如果我告訴你，有一個方法可以實現的話，您覺得如何？」

客戶：「聽起來很不錯。」

像這樣，用「提問」確認客戶的態度。就叫做「測試成交」。所謂的「測試成交」是一種測試交易是否能成功的試驗。因此，在「測試成交」的過程中，你可以從客戶的談話中，確認他是否有朝成交邁進的意願。

對話中出現的兩種「提問」，在建立關係的階段已經介紹過。「您希望實現這個想法嗎？」是用來確認客戶實現欲望與需求的意願。「如果有方法可以實現，您有興趣嗎？」是用來確認客戶想不想知道方法或手段。

這兩句話是前面一連串詢問的最終確認。同時也讓客戶對自己的想法產生自覺：「原來這就是我真正的想法啊。」只要客戶產生這樣的自覺，你的交涉進度就可一口氣跳到購買的階段。

26 「如果您覺得還不錯的話，想不想嘗試看看？」

我很常對人講述「如何從建立關係直接跳到成交」。這是指不經由讓客戶看目錄等任何具體解說產品的過程，就能直接成交的方法。這個方法可以讓業務與客戶在初次見面，雙方還在認識交流的狀態下，就讓客戶產生這樣的想法：「雖然還不清楚這個業務提案的產品是什麼，不過就先買下來吧！」我第一次做到的時候，也覺得很不可思議：「為什麼我還沒對客戶解說產品，他就決定要買下來？」

請先確認客戶回答你這個問題時，屬於以下哪一種類型。

業務：「○先生（小姐），如果您覺得還不錯的話，想不想嘗試看看？」

客戶甲：「當然，我現在就想嘗試。」

客戶乙：「這個嘛，可以試看看。」

客戶丙：「這個嘛，如果東西好的話，是可以試看看。」

客戶丁：「這個嘛，先讓我看看裡面的內容再說。」
客戶戊：「這個嘛，目前沒有很想，再讓我考慮一下。」
客戶己：「這個嘛，目前沒有很想。」

到目前為止，我們根據客戶的狀況詢問了他各式各樣的問題。上一個「提問」，你已經確認客戶「是否想實現願望」以及「是否想要知道實現願望的方法」。接著，就可以問這個問題：「〇先生（小姐），如果您覺得還不錯的話，想不想嘗試看看？」探詢客戶有無採用的意願。

客戶的回答可大致分為這六種：甲、乙客戶會當場成交；丙、丁的情況，只要你先詢問他的理由，然後解決他的疑問，就可以成交；戊、己的情況也是，只要先詢問他的理由，就有可能成交，即使當場沒有成交，將來也會成交。

不看目錄就直接說「要買」的客戶會做出甲、乙的回答，以機率來說大約有三成。能夠讓客戶不看目錄就決定購買，那表示你功力深厚。那麼剩下的客戶，應該怎麼和他們應對呢？我們繼續看下面的問句。

27 「關於這個問題，您打算怎麼解決？」

當客戶回答前面那個問題：「如果您覺得還不錯的話，想不想嘗試看看？」答案為丙、丁、戊、己時，就可以使用這個「提問」，詢問客戶內心真正的想法。同樣的，這時候語氣和用詞必須非常輕柔。

業務：「〇先生（小姐），如果您覺得還不錯的話，想不想嘗試看看？」

客戶：「這個嘛，如果東西好的話，是可以試看看。只是……」

業務：「是不是有什麼問題？」

客戶：「因為我覺得在這之前好像還有許多事情要做。」

業務：「原來如此，比如說什麼樣的事情呢？」

客戶：「比如說，重新修改我們的考核制度、上班時間等。而且……」

業務：「原來如此。那麼，〇先生（小姐），關於這個問題，您打算怎麼解決？」
客戶：「我也是覺得要從教育方面著手。」

當客戶內心還有牽掛的時候，大都會像上面這樣回答。其實，他們只是想再次確認這件事情是不是真的很重要而已。這時候你只要耐著性子聽他們說話即可。客戶可能會說出各式各樣的理由，不要緊，耐心把它聽完吧。

你只要在最後提出這個問題即可：「原來如此。那麼，〇先生（小姐），關於這個問題，您打算怎麼解決？」這是一個十分強而有力的問題，客戶會有一種被看透的感覺。這時候，如果客戶的回答是像案例中那樣「我也是覺得要從教育方面著手」的話，就可以繼續往下進行。

假如客戶的回應是：「現在你突然這麼問我，我也……」之類的答案，你就說：「那麼請您再仔細考慮一下。」然後中斷這次交涉，下次再重新開始即可。可能有人會覺得這樣的行動太過大膽，但在這樣的狀態下繼續進行交涉，很難得到理想的回應。不如給客戶多一點時間考慮，讓客戶想清楚自己要什麼。要記得，我們做業務的人去拜訪客戶，不是為了賣東西，而是為了幫助客戶解決問題。

我想大家現在應該了解，我們在前面介紹的問句「如果您覺得還不錯的話，想不想嘗試看看」和在本段介紹的問句「那麼，○先生（小姐），關於這個問題，您打算怎麼解決」都是效果非常好的問句。後面這個問題是你最後一次可以確認客戶真實想法的機會。當然，我的意思並不是要大家在初次見面的場合，就直接這樣詢問客戶。而是慎重的按照我們前面介紹的問句一步一步來，幫助客戶向下挖掘出他自己都沒察覺的部分，傾聽他的想法。恐怕客戶也是藉由這些問句，才真正了解到自己的本意吧。藉由向下挖掘，可以讓客戶仔細考慮什麼選擇對自己最好，然後再做出判斷。

想法的重要性是基於「行動原則」而生。所謂的「行動原則」是指「人**只願意照著自己的感覺、想法行事**」。每個人都只願意照著自己的想法行動。因此，業務不可能成功逼迫客戶買單。

客戶只願意照著自己的想法行動。因此，業務能做的，就是不斷對客戶提出問題：「您覺得如何呢？」「您打算怎麼做呢？」這樣我們才可以確實知道客戶的打算，並根據他的想法提出建議。「如果您覺得還不錯的話，想不想嘗試看看？」「關於這個問題，您打算怎麼解決？」這兩個「提問」就是根據這個原則問的。在提案之前問這些問題，無論對客戶或業務來說，效果都非常好。

28 「有一個方法可以解決這個問題！為何我這麼說……」

前面對客戶的所有「提問」，都可以用這句話求收尾。從這裡開始，你終於可以進入產品和服務的提案了。

業務：「〇先生（小姐），**有一個方法可以解決這個問題！**」
客戶：「真的啊？」
業務：「**為什麼我這麼說**，因為我們公司的產品和服務正好可以解決〇先生（小姐）剛才說的這個問題。理由是這樣的……」

這裡的重點在於先做總結，講出「有一個方法」，然後再慢慢陳述理由。相反的，如果你忍不住先說明各種理由，就會變成下面這樣。

業務：「〇先生（小姐），我們的產品和服務正好可以解決您剛才說的□□和△△的問題。理由是這樣的……所以，**這個方法可以解決您的問題！**」

客戶：「真的啊？」

這麼一來，就會失去力道。這部分很重要，說話的方式一定要讓人感受到衝擊性。這時候客戶已經很想實現他的願望了，所以你要告訴他「辦得到」「有方法」，**說完之後，再簡潔說明為什麼客戶的欲望和需求可以實現、要用什麼方法實現**。像這樣針對客戶的願望，迅速傳達結論，客戶就會留下非常深刻的印象。假設這時交涉突然中斷，客戶的心情狀態為何？一定是非常在意，很想知道你說的方法是什麼吧。

29 「讓我為您具體詳細說明吧？」

說出這句「提問」之後，接下來終於要進入說明的階段了。到目前為止，我們所介紹的句子大都是「提問」，接下來，你可以開始拿出產品和服務的目錄做說明、介紹。

前面你詢問了客戶的欲望和需求，也了解客戶至今採用什麼樣方法。身為專家，你應該一聽就了解這些方法有哪些不足之處、怎麼做才能解決問題。你只需要在簡報的階段，明確地說明實現方法和解決方法即可。

業務：「○先生（小姐），那麼，**讓我為您具體詳細的說明吧？**」

客戶：「麻煩你了。」

（拿出目錄，然後邊指出能解決客戶欲望以及需求的部分。）

業務：「請您看這裡。只有我們的產品可以解決○先生（小姐）剛才說的□□和△△的問題。因為……」

業務這時要一邊拿出目錄展示，一邊穿插客戶的現狀、需求以及解決策略，告訴客戶為什麼他的願望可以實現，以及你的產品、服務特徵和使用方式。

由於在此之前你已經掌握了客戶面臨的狀況以及心情、想法，所以你這時的說話內容可以確實打動客戶的心。

客戶聽著你一邊重複前面他說過的內容，一邊介紹解決方法，想必會一字一句聽得非常入神。這時要注意的一點是，即使客戶很專心聽你說話，你也不可以一直自顧自的說話。這是業務在進入簡報階段時常犯的毛病。做簡報的時候，一定要在每個小段落停下來，**詢問客戶「您覺得呢？」「您覺得如何？」以確認客戶的心情**。

做簡報前詢問客戶問題的時間，和說明產品、服務的時間，最好的比例大約是二比一。也就是說，以一個小時來講，提問的時間是四十分鐘，說明的時間是二十分鐘。提問的重要性不言可喻。

4

為什麼那位客戶肯跟我買東西

客戶的欲望和需求只能透過「提問」得知

客戶雖然有需求，但平常會藏在心底。透過業務的「提問」，才能將欲望引導出來。接著，如果業務能更進一步的「提問」，讓客戶自己察覺達成需求的必要性，客戶才會真正了解到業務提供的產品可以幫上他的忙。

這麼一來，客戶就會買單。這就是成交。一個業務若能夠掌握成交階段的「提問」秘訣，未來就能持續活用「提問」，不僅當前的業績可以獲得提升，連未來的業績也能有所保障。

成交前先理解「行動原則」

業務就是幫助客戶，解決客戶的問題。客戶購買你提供的產品或服務後，他的欲望和需求可以得到滿足。成交指的就是雙方正式簽約。想要順利成交，最重要的一個觀念就是「**成交不是由業務決定**」，**而是**「**由客戶決

定」。很多人對於如何順利邁向成交感到很棘手，是因為他們抱持著這筆交易非成交不可的想法。這是很大的誤會。頂尖業務完全不會有這種意識，而是自然而然，十分理所當然的朝成交的目標邁進。

想要弄懂這點，必須要確實理解人的「行動原則」。在上一章我們提過，「行動原則」就是「人只願意照著自己的感覺、想法行事」，因為每個人都有自己的感覺、想法，而且大家都只照著感覺、想法行動。

人只要有想做某件事的意願，即使眼前面臨許多問題，他也會願意去嘗試。大家只要捫心自問就知道了。只要知道這一點，就不難理解「說服客戶成交」這件事根本就是天方夜譚。因為所謂的說服，是指業務把自己的感覺、想法強加在客戶身上。正確的做法應該是根據客戶的感覺、想法，用客戶可以接受的方式邁向成交。客戶的心理活動會照著「感覺、想法↓思考↓行動」這樣的流程變化。客戶唯有對業務提供的產品或服務留下良好印象，才會把思考模式轉移到下一個階段，開始考慮要怎麼做才能實現自己的想法。等到他自己想通了，才會考慮要不要採取行動。

客戶會按照「感覺、想法↓思考↓行動」的流程，從「感覺、想法」變成「思考」，最後再「按照自己的意願行動」。只要根據這個流程「提問」即可。

這樣看下來，大家會不會覺得成交其實是很簡單的作業。首先，**你要不斷詢問客戶的感覺和想法**。這是在建立關係時就得做的事。簡單來說就是詢問客戶對於工作、人生、日常生活的感覺和想法，問他現在想怎麼做，以及未來打算怎麼繼續下去。接著，讓他知道你的產品和服務可以幫助他實現願望，然後再做提案。接下來你就可以說明如何用你的產品和服務實現他的欲望和需求。而要不要買這件事，交給客戶來判斷就好了。

就這層意義來看，在**問句25**提到的「測試成交」，才是成交過程中最需要學習的必要技術。

頂尖業務靠「提問」引導出客戶的意願

頂尖業務對自家的產品和服務擁有絕對的自信。同時，他們知道「業務的本質，就是為客戶服務，幫客戶的忙。業務就是提供客戶建議的人」。

他們尊重客戶的感覺、想法、思考、意願。在「測試成交」的時候，他們懂得確實回應客戶。**頂尖業務深知簽約前「測試成交」的重要性。**他們知道客戶即使了解產品的好，購買意願仍會搖擺不定。所以業務的工作就是確實引導出客戶真正的想法、推進客戶的思考、詢問客戶的意願。

頂尖業務有辦法讓客戶主動簽約

30 「您覺得如何？」

業務做簡報的目的，是向客戶說明如何透過自家的產品和服務完成客戶的需求，並在談話中隨時確認客戶的反應。大多數的業務似乎都不曉得簡報後要做什麼，怎樣才能往成交邁進。答案是：在客戶聽完簡報後，詢問他的感受、感覺、想法，請他整理自己的意見。

這時候最常用的「提問」就是：「您覺得如何？」「具體來說呢？」。

這個階段的重點，是詢問客戶的感覺和想法。

業務：「〇先生（小姐），聽完我剛才的介紹，您覺得如何？」

客戶：「聽起來很不錯。」

業務：「能聽到您這麼說真的很高興。具體來說，您覺得好在哪裡呢？」

客戶：「能夠把客廳重新翻修一下，整個家的氣氛就會煥然一新，就像住在新家一樣。」

業務：「原來如此，很高興聽到您這麼說。」

當客戶對你的解說持正面肯定的印象，你就會得到客戶「感覺不錯」「聽起來不錯」「似乎挺有用的」等回應。這時候，你只要問他「具體來說呢」，他就會告訴你具體的事例。他自己也會被這些事例強力說服，更進一步釐清自己的感受和思考。

若是業務主動跟客戶說「這裡的客廳如果可以重新翻修，一定會變得更漂亮」，客戶可能會回答「大概吧」，然後場面就突然冷下來了。因為客戶希望這句話是由自己說出口的，這個事實是由自己理解的。若心裡想的事情被業務搶先一步講走，就會有一種被牽著鼻子走的感覺。

另一種情況是得不到客戶正面的回應。

業務：「○先生（小姐），聽完我剛才的介紹，您覺得如何？」

客戶：「聽起來是還可以啦。」

業務：「謝謝您坦率的回應，為什麼您會這麼覺得呢？」

客戶：「我只是懷疑，真的會變得比較漂亮嗎？」

業務：「原來是這樣啊，○先生（小姐）為什麼會這麼想呢？」

客戶：「其實……所以……還有……」

業務：「原來如此，那麼○先生（小姐），關於這個問題，您打算怎麼解決？」

客戶：「我想，應該可以試試看……這個方法。」

遇到這種情況，只要活用**問句27**「關於這個問題，您打算怎麼解決」提高客戶自身的需求與欲望即可。

31 「您覺得使用之後會有什麼改變？」

前面的「您覺得如何」這個「提問」，透過詢問客戶感想，提高對方的購買動機。接著你可以請他在腦中描繪，如果使用你的產品之後會發生什麼事情。當客戶在腦中想像出具體的畫面，就會加深他的欲望。

業務：「〇先生（小姐），**您覺得使用之後會有什麼效果？**」
客戶：「這個嘛，感覺住起來會很舒服。」
業務：「原來如此，是怎樣舒服呢？」
客戶：「因為客廳會變得更漂亮，感覺比之前更容易放鬆休息。」
業務：「聽起來很棒。您會想怎麼放鬆休息呢？」
客戶：「這個嘛，在家裡喝點小酒吧，感覺酒會變得更好喝。」
業務：「原來如此，聽起來很棒。那您覺得，之後的生活會變得如何？」

客戶：「感覺之後和太太一起坐下來好好聊天的機會變多了。還可以在家裡輕鬆的看電影。」

業務：「這樣的話真是太好了。剛才〇先生（小姐）說的那些願望，似乎都可以達成耶。」

客戶：「對耶，如果把房子重新翻修，這些願望都可以實現了。」

從客戶的第一個回答開始逐句追問：「為什麼會覺得很舒服呢？」「您會想怎麼放鬆休息呢？」用「為什麼會……您會想怎麼……」深入挖掘客戶內心的想法。當客戶在腦中描繪出具體的想像之後，再度追問他「之後會變得如何」，幫助他延伸想像。這麼一來，他腦海中的輪廓會變得更鮮明，欲望也會確實升高。最後你只要再把問題引導到客戶之前說的欲望以及需求即可。當客戶知道你這次的提案可以解決、實現他的想法，他的欲望就會更加高漲。

人的欲望會因為具體的想像而加深。比如說，有人這麼問你：「請想像一下你很想去的地方。是國外嗎？還是國內？請想像去那裡之後，快樂遊玩的樣子。你眼前浮現的是什麼樣的景色呢？是街道嗎？還是大自然？待在那裡，感覺如何呢？」若是你，你會怎麼想像？會有什麼感覺？你腦中描繪的那個情景是不是變得愈來愈生動，並且開始想像自己待在那裡的感覺。這時候，你想去那個地方的欲望應該會變得愈來愈強。

像這樣，具體的想像會提高我們的欲望。透過「您覺得使用之後會有什麼效果」「具體來說會變得如何」等讓對方想像未來的「提問」，可以讓客戶的欲望愈來愈高漲，同時增強他想實現這些願望的心情。

32 「您覺得這個產品划算嗎？」

前面我們透過第一階段的「提問」：「您覺得如何？」，以及第二階段的「提問」：「您覺得使用之後會有什麼效果？」「具體來說會變得如何？」了解客戶對於產品和服務的感覺、想法。接著，你可以請客戶重新思考產品的價值，使用的問句就是：「您覺得這個產品划算嗎？」。

這個「提問」的用意是讓客戶用自己的語言整理出最終的感想，讓他再確認一次這個產品是他想要的。

業務：「那麼，您覺得這個產品划算嗎？」
客戶：「這個嘛，我覺得很好。」
業務：「這樣啊，那您覺得它會帶來什麼好處？」
客戶：「我之前的想法是，翻修一下，家裡會變得更漂亮，但是跟你談話的過程中我才發現，翻修不僅可以讓家裡變得更漂亮，還可以滿足我和家人的願望。」
業務：「哦，這話怎麼說呢？」
客戶：「以後我們全家就有一個地方可以一起聊天，做些什麼都比以前更容易聯絡感情。」
業務：「原來是這樣啊，聽到〇先生（小姐）這麼說，我也很替您高興。」

由於客戶感受到產品的好處，業務也會再一次確認自己的確提供了很有價值的東西給客戶。這道手續，對於你在出示價格時非常有幫助（即使你事先出示過價格也沒關係，客戶在簽約的時候一定會再重新討價還價）。這裡說的價格不是指和其他同業相比，也不是和其他產品或服務比較過後的價格。而是客戶用這個價格購買了你的產品或服務後，是否真的能夠滿足自己的願望和需求，以及能獲得多少好處的價格。

33 「那麼，您覺得該怎麼做才好？」

前面三個問題，你已經讓客戶說出他自己的感受和想法，接下來，你要讓客戶自己歸納前面的回答，說出他考慮的結果。重點和前面一樣，讓客戶自己說出口，絕對不可以由業務幫忙。

業務：「〇先生（小姐），那麼，您覺得該怎麼做才好？」

客戶：「我想，這次還是交給你們翻修好了。」

業務：「是啊，我也是這麼想，交給我們，一定會讓您滿意的。」

假如是業務自己說出來，就會像下面這樣。

業務：「〇先生（小姐），我認為您這次的翻修應該要交給我們做比較好。」

客戶：「說的也是。」

業務：「交給我們做絕對比較好，一定會讓您滿意的。」

大家能理解這兩者的差異嗎？前面的對話是客戶說出自己考慮過後的想法，然後業務再幫忙推一把。後面的對話是業務說出自己的想法，然後客戶才跟進。

光是讀文字，大家可能感覺不出有什麼不同。但實際上，這兩者已經產生決定性的差異。前者是以客戶為主體，讓他說出自己的想法。包括接下來具體的簽約等行動，也都是由客戶主導。想要滿足自己的願望和需求，該採用什麼樣的方法、怎麼判斷它的內容和價格等，這些事情都是由客戶主導來進行。因此，自然而然的，客戶一定會選擇內容比較好的產品，當然這些產品的價格也會比較高。

後者則是業務說出結論，客戶接著附和，所以客戶處於被動狀態。與其說是客戶自己想這麼做，不如說是他被勸說之後願意嘗試看看。不管是內容或價格，他都是抱著「先試看看再說」這樣的心態，所以他一定會選擇內容較便宜的產品，因為即使不如預期，自己也比較能釋懷。

因此，這時候業務說話的方式，不僅影響到客戶採用的產品或服務的內容，還包括採用之後的使用方式、介紹等所有後續動作。**是客戶還是業務先說出結論，這兩種情況天差地別，會造成後續巨大的差異。**

頂尖業務懂得聆聽客戶的真心話

34 「○先生（小姐）覺得呢？」

業務進入最終階段時，客戶常會提出各種問題，像是：「這真的有效嗎？」「它的效果有多好？」「其他用過的人覺得滿意嗎？」「價格可不可以再便宜一些？」等。這些問題特別容易在簡報結束、成交之前出現。客戶問這些問題，是想親眼看見業務對這些問題的反應，藉此確定這些產品、服務的品質夠不夠好，符不符合自己的需要。

面對客戶的這些問題，沒有百分之百的標準答案。為什麼？因為不管業務怎麼適切的回答客戶的疑問，或是舉其他客戶的例子回答，都不一定有用，因為客戶尚未親身體驗。等客戶買下產品，使用過後才能親身感受到產品帶來的好處。

那麼該怎麼做才好呢？重點在於，業務必須對客戶的心情感同身受，然後再透過「提問」，理解客戶的想法，最後提出適切的解答或實例。回答的時候也要注意自己的態度，是不是夠冷靜、充滿自信。只要抱持從容的態度，客戶就會聽進去，勇敢的邁開步伐。

這時候適合使用的問句就是：「○先生（小姐）覺得呢？」用反問的方式作為回答。這樣你就可以知道客戶對產品抱有什麼不安和疑惑。接著，你可以按照通用法則「同理心加上提問」，使用**問句10**「其實像您這樣的狀況，更需要……」以及**問句17**「原來如此……具體來說……」。最後只要聆聽客戶的感想即可。

下面舉例說明。

客戶：「這真的有效嗎？」（「它的效果有多好？」「其他人使用過後覺得滿意嗎？」）

業務：「**○先生（小姐）覺得呢？**」

客戶：「看到那麼多人談他們使用過後的感想，感覺只要確實按照說明做，就會有效果。」

業務：「確實只是這樣。不過，**為什麼**您會這麼問呢？」

客戶：「我只是擔心，像我這種類型的人，使用過後真的會有效果嗎？」

業務：「原來如此，具體來說，○先生（小姐）是什麼類型的人呢？」

客戶：「我是那種嘗試很多方法，但都持續不久的人。」

業務：「原來是這樣啊。**其實**，像您這樣的人還不少。像有一位住在東京的□先生（小姐）……（描述案例）後來他持之以恆的堅持下去，最後就看到成果了。○先生（小姐），您聽完這個案例，有什麼想法？」

客戶：「感覺好像我也辦得到。」

至於價錢的問題，表面上看起來和其他問題的性質不同，但基本上還是一樣。你可以先用問對方的想法，然後告訴他支付的方法等讓他安心，最後再補上一個實例即可。

比如說，「有一位住在大阪的△△先生（小姐），他也是……（描述具體事例）結果短時間內就看到很好的成果。而且他也是業務性質的工作，所以成果提高就會有獎金，這些費用一下子就回本了。○先生（小姐），您聽完這個案例，有什麼想法？」

35 「可以告訴我您真正的想法嗎？」

有時候會遇到客戶一直不願明白說出他的感受或想法的情況。可能是他有找過其他同業報價，或是認為貨款的支付要求過於嚴苛等。也有可能你原本和他洽談得很順利，他也有意採用你的產品或服務，但卻因為某個意外發生，迫使他必須改變決定。

這時，客戶容易表現出曖昧不明的態度。像這種狀況，你可以使用這個問句，效果會很好。

客戶：「我覺得你們的東西是不錯啦，不過我這邊有一些考量。」

業務：「原來是這樣。這我們可以理解。請不用客氣，把您的問題告訴我們，我很樂意為您解決。」

客戶：「好吧。」

業務：「〇先生（小姐），**可以告訴我您真正的想法嗎？**」

客戶：「我覺得你們的東西真的很不錯，只是……」

業務：「謝謝您，不要客氣，請直接說出來。」

客戶：「好吧，是這樣的……。」

就像我們常說的「真心話與場面話」的不同，「場面話」的相反極端就是「真心話」。「真心話」指的就是自己心中真正的想法。它的另一個同義詞就是「本意」。

一般人對「真心話」這個用詞的感覺是非常直截了當，直指人心。「不要客氣，請直接說出來」「希望您告訴我實話」「我想知道您真正的想法」「不用在意，但說無妨」等，這些句子用一句話總稱就是：「可以告訴我您真正的想法嗎？」藉著這些話，客戶也比較容易敞開心房說話。

同樣的，對業務來說，這句話非常好用。業務聽到自己對客戶說「任何回答我都可以接受」「即使不採用也沒關係」之後，也比較容易按捺住情緒，接受客戶的回答。

因此，當客戶說「不採用」的時候，你可以鼓起勇氣問他理由。唯有了解對方的理由，你才有辦法和他討論解決方法，提出有用的建議。

◎ 頂尖業務即使交涉成功也不停止「提問」

36 「請問您還有沒有什麼問題想問？」

問句33「那麼，您覺得應該怎麼做才好」透過這個「提問」做「成交測試」，讓客戶說出自己的想法。即使這時候客戶內心的結論是有意願購買，也很少會斬釘截鐵的講出來。

如果客戶說：「要買！」當然是最好的結果，但機率不大。即使客戶的欲望愈來愈強烈，也很少會這麼明確說出來。因為一旦他這麼說就沒有後路了。客戶很少會有「百分之百確定，就是要使用你的產品」這樣的想法。這時候，這個「提問」就能發揮它的效果了。

業務：「請問您還有沒有什麼問題想問的？」
客戶：「呃，目前沒有。」

業務：「有問題的話，不要客氣，儘管說。」
客戶：「好的，謝謝你，有問題一定會問你。」
業務：「好的，到時我一定會竭盡所能地回答。」
客戶：「我知道了。」

這段對話意味著什麼呢？

客戶說「沒有問題」，背後的意思就是「我可以接受」「沒有異議」，換句話說就是「我會採用」。

客戶要說出「我決定採用」這句話需要勇氣，但只要他像事例中那樣回答，就表示他有這個意願，只是沒說出來。藉由這個「提問」，你就可以進入具體的簽約程序。

當然，有些客戶會說他有問題。當客戶有疑問，哪怕只有一點點，就表示他對於購買有疑慮。這時候你要冷靜下來，仔細聆聽他的問題，然後繼續提出問題與他應對即可。這是簽約前的最後階段，不要把客戶的問題當作反駁或託辭，而是當成真正的問題看待。

大家可以重新翻開**問句34**「〇先生（小姐）覺得呢」**問句10**「其實像您這樣的狀況，更需要……」的例子，面對像是「再讓我考慮一下」和「我要跟太太商量一下」的推託，會很有幫助。

還有一個是關於價錢的問題。客戶可能會問：「我很想買，只是不知道價錢怎麼算？」或是「我很想買，但有哪些支付方式呢？」等。當客戶問到價錢的問題，表示你可以直接進入下一個問句。

37 「那麼我們就往下談具體的事項吧？」

最後一個「提問」就是：「那麼我們就往下談具體的事項吧？」

假如客戶這時候的回應是「好」「沒問題」「麻煩你了」，就可以談簽約的具體事項。像這樣，即使要進入最後的簽約階段，仍然先透過「提問」再進入簽約。

「**照著客戶的想法往下進行才是業務**」。問客戶：「那麼我們就繼續往下進行吧？」在取得客戶的同意後才往下進行，而不是說「我繼續往下說」

「那麼我就往下說了」「我接著往下說」，因為這都意味著業務想照自己的意思進行。

到了這個階段，你怎麼問幾乎都可以得到客戶善意的回應，但重點不在此。而是要記得，業務就是照著客戶的想法往下進行，業務的存在是為了幫助客戶，一定要講究到這個地步，你才能掌握到業務的本質，順利的通過所有的階段。

5

為什麼那位客戶肯介紹新客戶給我

◎用「提問」事後追蹤，讓客戶主動介紹客戶給你

無論是客戶剛買下產品的瞬間，或是事後的追蹤，「提問」仍繼續扮演重要的角色。你可以透過「提問」，讓客戶對產品的價值產生真實的感受，這樣客戶才會替你介紹其他客戶。

頂尖業務靠著幫忙客戶，增強自己對於做業務的信念

做業務的目的是什麼？無非就是透過提供產品和服務，滿足客戶的欲望和需求，幫助客戶解決問題。所謂欲望和需求，以日常生活來說的話大概就是舒適、便利、宜居等；以工作來說的話就是生產力和效率。所以，當他採用了你的產品和服務，照理說他的日常生活或工作一定會產生很大的變化。這正是你提供產品和服務給他的理由。

業務的任務就是改善客戶的現狀。別忘了，我們是為客戶工作。在服務

客戶的同時，我們也會自我成長，並用工作的收入維持生活所需。頂尖業務非常清楚這樣的結構關係。所以，不只是產品、服務、簡報，業務的工作就是要確定你所提供的東西是否能幫上客戶的忙，讓客戶覺得開心，日常生活變得更方便。

追蹤，就是要確認你所提供的東西是否有效果，以及確認它的成效。頂尖業務經常用這個方法與客戶保持關係。他們會時時確認自己有沒有幫上對方的忙、客戶購買自己的產品和服務值不值得、客戶的生活發生什麼變化等。頂尖業務透過追蹤，讓自己對這份工作產生強烈的信念。他會實際感受到自己帶給客戶的喜悅，對這份工作感到驕傲，抬頭挺胸的做這份工作。

本章的主題是轉介。客戶肯為你轉介的條件，就是建立在你有沒有「幫上忙」。產品不好用的話，客戶絕對不會把它介紹給別人。只有幫上客戶的忙，帶給客戶喜悅，你的產品才會被廣為宣傳。

感受到效果時，客戶才會想把東西介紹給別人

身為業務，我們的責任就是要幫忙每位客人滿足他們的欲望和需求。所以，我們必須向那些肯聽我們介紹、使用我們的產品和服務的客人，一一確認是否有幫上他們的忙，這一點非常重要。「客戶的欲望、需求、課題，解決了多少？」「同樣的問題和以前相比，改善了多少？發生什麼變化？」確認這些也是業務的工作。

請大家回想爬山的經驗。通常我們要在爬到一半，忽然回頭看時，才會感受到自己已經爬到很高的地方了。購買產品也是一樣，和過去的狀況相比改變了多少、與過去的程度相比提升了多少，這些都要請客戶一一確認。客戶必須實際感受到「幸好有聽業務介紹」「幸好有用」「自己的判斷沒錯」，他才會覺得幸好有碰到這個業務，幸好有買下來。有這種實際感受的客戶才會產生「好想把這個好東西介紹給別人」「我也想讓別人體驗這種感覺」「我想介紹給別人」的心情。

頂尖業務會指導客戶介紹產品的方法

那麼，如果業務什麼都不說，客戶會把東西介紹給別人嗎？很遺憾，不一定。因為，對客戶來說，介紹產品並非他的工作，他頂多會出於好意而介紹給別人。

客戶每天都要應付自己的工作和日常生活，即使他有心想把這個好用的東西介紹給別人，也不可能一整天都在想這件事。再者，他也不知道要怎麼介紹才好。這時候，他就需要業務的支援。業務的責任就是要察覺客戶的這份心意，並提供協助。感謝客戶這份心意的同時，引導他實際採取行動。

就像你的業務技巧也是從許多前輩身上學來的一樣。沒有人教，客戶也無法學會介紹產品的技巧。首先，你要理解客戶「想要把產品介紹給別人」的這份心情，然後提供協助，引導他做出實際的行動。這也是業務的重要工作之一。若沒有理解這點，置之不理，不提供協助的話，就表示你不夠了解客戶的心情。

頂尖業務為了讓客戶介紹產品，會下意識採取行動。畢竟我們能夠拜訪轉介的新客戶，全都得仰賴介紹者的人脈。而經由轉介的新客戶比較能夠卸下心防，大幅降低接觸的難度。**經由轉介的業務案子做起來非常輕鬆，而且很有效率。透過轉介拓展業務，才稱得上是真正的業務工作，因為你確實幫助了別人。**

客戶有沒有幫你介紹，是業務能否做得長久的關鍵

企業除了提供自家產品、服務給客戶之外，還必須廣為宣傳，教導大眾如何活用這些產品和服務，對社會做出貢獻。因此，如何透過使用者的宣傳，把自家的產品和服務推廣出去，就成了企業非常重要的課題之一。應該說，沒有比口耳相傳更好的宣傳方式了。最近「風評被害」（譯註：表示因為惡評使某事物造成經濟上的損害）這個名詞非常熱門，可見無論好壞，客戶的評論都非常重要。

當你手上的客戶愈來愈多，就表示你必須要分割出愈多時間來追蹤既有的客戶，可以想像，你的行政作業也勢必會增加。大多數的業務都會在這裡

遇到障礙，因為他沒想到這些行政作業會占用到這麼多開發新客戶的時間。因此，我們要把工作重心從開發新客戶轉移到請客戶幫忙介紹新客戶。如果業務沒有追蹤客戶、請客戶介紹新客戶，之後的工作量會讓他忙到不可開交。

請想像一下，現在正在做業務的你，十年之後，你負責服務的客戶人數可能是一千人、一萬人。頂尖業務在工作的時候，已經先預想到這一點。**很少人是靠著開發新客戶成為頂尖業務**。幾乎所有頂尖業務都是靠客戶介紹。客戶介紹這條管道是業務的命脈。而且經由客戶介紹，可以確實的拓展你工作的涵蓋範圍。

想要讓客戶幫你做宣傳，你要知道怎麼引導客戶介紹，並且讓他採取行動。特別是「提問」這個重要的工具，它可以幫你在和客戶的對話當中，讓客戶願意替你介紹。

頂尖業務必須詢問客戶的使用狀況

38 「今天的面談，您最喜歡哪個部分？」

客戶買的並不是產品或服務，而是買產品或服務可以創造的價值。因此與客戶面談做簡報時，要把這個價值傳達給客戶。客戶必須感受到你的東西有價值，他才會想購買。

會談結束前，別忘了向客戶詢問：「今天的面談，您最喜歡哪個部分？」如此一來，客戶就會再次感受到自己使用的產品和服務的價值。他會帶著這份感受，實際活用這些產品和服務。當他實際使用過後，又會再一次感受到它們的價值，然後就會產生一股衝動，想要把它介紹給別人。這樣一來，客戶就會幫你做介紹了。

即便客戶沒有購買你的東西，只要你在簡報的時候，讓他感受到價值，他也有可能把這些情報傳達給他身邊的人，你可能會因此間接獲得新客戶。

業務：「**今天的面談，您最喜歡哪個部分？**」
客戶：「這個嘛，應該是知道這個服務專門是為我們而設的時候吧。」
業務：「很高興聽到您這麼說。剛才我聽〇先生（小姐）說『希望可以減少日常生活的作業』，為此感到非常煩惱，請問我們的服務可以幫上您的忙嗎？」
客戶：「我想應該非常有幫助。」

像這樣：「您最喜歡哪個部分？」這個問題，可以把焦點鎖定在客戶喜歡的部分並展開對話，容易引導出客戶肯定且具體的回答。

「今天的面談，您最喜歡哪個部分？」客戶藉由回答這個問題，**產生「想分享給朋友知道」的心情**。頂尖業務深知這個道理，所以當面談的簡報一結束，他就會抓緊機會拜託客戶轉介。

但是，假設你用另一種方式「提問」，客戶的反應就會不同。

業務：「今天的面談，您覺得如何？」
客戶：「我覺得滿好的。」
業務：「很高興聽到您這麼說。前面我聽〇先生（小姐）說『希望可以減少日常生活的作業』，因而感到煩惱，請問我們的服務可以幫上您的忙嗎？」
客戶：「大概吧。」

光是問：「您覺得如何？」客戶的回答一定是含糊不清，無法確認對方認為今天的面談中最有趣的部分為何。想當然耳，他的「想分享給朋友知道」的心情一定不強烈，就不會為你做轉介了。

39 「請問有沒有發生什麼改變？」

業務的責任除了提供產品和服務給客戶，還要確認客戶有沒有好好活用，一步步的滿足他的欲望和需求。如何確認？就是靠這句「提問」。客戶會因為你這句「提問」感受到自身以及日常生活的變化。同樣的，業務本身也能因此獲得好處。當你實際聽到客戶描述他因為你提供的產品和服務獲得幫助，你會對業務這份工作更加感到喜悅與自信。這個「提問」適用於追蹤，無論是親自拜訪或打電話都可以。打完招呼後，你就可以提出這個問題。

業務：「〇先生（小姐），自從您使用這項服務之後，**請問有沒有發生什麼改變？**」

客戶：「有啊，用電腦作業的時候變得很輕鬆。」

業務：「真是太好了。怎麼個輕鬆法呢？」

客戶：「跟過去比起來比較不費工夫，也比較不用花太多精神。」

業務：「這真是太好了。」

像這樣問，就可以讓客戶把目光擺在日常生活的變化。我們每天都因為工作忙得不可開交，所以很難將注意力放在自身日常生活的變化。業務如果沒有具體的詢問，客戶往往很難察覺。

以上面的例子來說，假使客戶沒有具體的回答，你可以這麼說。

業務：「〇先生（小姐），自從您使用這項服務之後，**請問有沒有發生什麼改變？**」

客戶：「這個嘛，我還沒仔細想過耶。」

業務：「比如說工作上有哪個部分多多少少感覺到不一樣？」

客戶：「好像電腦作業變得輕鬆一點。」

業務：「那真是太好了。怎麼個輕鬆法呢？」

客戶：「安裝了這個軟體之後，操作變得簡單了。」

業務：「怎麼說呢？」

客戶：「只要一個按鍵就可以合計，真的很省工夫。」

業務：「那真是太好了。」

面對無法真實感受到變化的客戶，只要用前面教的方法，靠著「怎麼說呢」「比如說」具體詢問內容即可。

40 「和以前相比有什麼不一樣嗎？」

這是非常重要的「提問」。客戶就是因為希望滿足自己的需求，才會購買你的產品和服務。因此照理說，他的需求應該要被滿足。但要讓需求的滿足度達到目標值，日常生活變得更加豐富，往往需要花一段時間才能顯現。

所以，最好請客戶比較現在和過去的狀態。只要一和過去相比，現在的好一定能立刻顯現，要讓客戶感受到這個變化，就是這個「提問」的目的。

業務：「〇先生（小姐），使用這個服務之前，原本是怎麼樣的狀況？」

客戶：「主要是電腦作業的問題，在合計的時候很花時間。」

業務：「要花多久時間？」

客戶：「這個嘛，一天大概要兩個小時。」

業務：「現在要花多久時間。」

客戶：「大概一個小時就解決了。」

業務：「這樣啊，那和以前相比有什麼不一樣嗎？」

客戶：「現在使用這個軟體，大概可以節省一半的作業時間，連帶使得之前無法完成的工作都能完成了。就這點來看，工作效率提升不少，也不用耗費太多精神。」

業務：「這真是太好了。」

先詢問客戶過去的狀況，再問現在變得如何，然後讓對方比較兩者之間的不同，他就會清楚的看見變化。如果變化的判斷是用營收等具體的數字作為依據，但結果卻顯示不出來的話怎麼辦？這時候你只要把焦點鎖定在做出成果之前的行動上面即可，一定可以看見變化。

業務：「○先生（小姐），使用這個服務之前，原本是怎麼樣的狀況？」

客戶：「營收十分低迷，狀況不太好。」

業務：「那現在呢？」

客戶：「好像還沒反應在營收上面。」

業務：「這樣啊，那現況有發生什麼改變嗎？」

客戶：「面談的件數增加了。」

業務：「這樣啊，大概增加了多少？」

客戶：「平均每個業務增加兩件左右。」

業務：「為什麼會增加呢？」

客戶：「業務說，現在做業務比以前容易多了。大家都變得精神抖擻。」

業務：「這樣啊，那麼**和以前相比有什麼不一樣嗎？**」

客戶：「對於提升業績有幫助的行動似乎愈來愈多了。特別是業務的工作熱忱變得很高。我想有一天一定會反應在公司的營收上面。多虧你的介紹，我現在似乎看到希望了。」

業務：「這真是太好了。」

即使沒達成目標也不需害怕，因為客戶正朝著目標一步步邁進。這樣的對話無論是對客戶或業務，都可以產生很大的信心。

41 「您覺得未來會怎麼發展下去呢？」

這個「提問」可以讓客戶從現狀的變化看向未來，感受到更多好處。藉著這個問題，讓客戶感受到他購買產品的價值，確認自己的投資是對的，更進一步的產生想介紹給別人的心情。

業務：「○先生（小姐），使用這項服務之後，**您覺得未來會怎麼發展下去呢？**」

客戶：「以後可以把多出來的時間運用在其他工作上面，特別是企畫的部分。」

業務：「這樣啊。比如說，什麼樣的企畫呢？」

客戶：「我們接下來應該會著重在成立新部門的企畫上。」

業務：「如果成功的話，您覺得未來會怎麼發展下去呢？」

客戶：「過去這一、兩年停頓的事情，終於有機會往前推動了。」

業務：「原來如此，那如果繼續發展下去呢？」

客戶：「新部門成立之後，未來公司的利益就可以持續增加。」

業務：「原來如此，這真是太好了。」

像這樣，讓客戶不斷描繪他未來的藍圖，他就會對產品或服務的效果產生實際的感受。我們人在大多數的時候，都只會盯著現實看。所以，業務可以對客戶提出與未來相關的問題，讓客戶自己描繪未來的藍圖，實際感受到投資效益，以及他所購買的產品、服務可能帶來的價值。如果你沒問這樣的問題，客戶不太會主動去描繪未來的藍圖。

42 「還有什麼困難沒有解決嗎？」

接著，你可以進一步提出這個問題。透過解決客戶的困難，可以讓客戶不斷進步，也可以讓業務幫上更多忙。解決的方式可能是給予具體的建言或建議他追加產品。總之，這些幫助客戶解決問題的對話不僅可以獲得對方的感謝，也會讓客戶更願意替你做轉介。

業務：「〇先生（小姐），聽您這麼說來，本公司的服務似乎對您有幫助，請問您在使用的過程中，**還有什麼沒解決的困**

難嗎？」

客戶：「這個嘛，在想有沒有辦法透過現在這套軟體，把工作作業簡化。」

業務：「這樣啊，您現在正在做什麼樣的作業呢？」

客戶：「現在啊，就是……」

業務：「如果是這個，這個軟體也可以幫得上忙。」

客戶：「真的嗎！」

業務：「讓我來教您好嗎？」

客戶：「麻煩你了。」

如果你介紹的產品和服務有發揮作用，客戶對你的信賴感會增加。因此，當你有意願幫客戶解決問題時，客戶就更容易敞開心房和你商量。**客戶和你商量事情的同時，對你的信賴感會大幅增加。往後，獲得客戶的感謝、追加訂購、幫你介紹客戶的機會也會大增。**

頂尖業務知道口耳相傳的重要性

43 「我們的產品都是靠口耳相傳，可以拜託您把它介紹給身邊的親朋好友嗎？」

頂尖業務都是透過口耳相傳拓展業務。但是，你不可以守株待兔，等待客戶介紹。因為，就像前面說過的，即使客戶覺得你的產品很好，他也不知道怎麼介紹。下面，我來介紹一些方法給大家。首先是「提問」，這是提醒客戶有意介紹的第一階段。

業務：「**我們家的產品幾乎都是靠口耳相傳**。如果您覺得我今天解說的內容對您有幫助，**可以拜託您把它介紹給您身邊的親朋好友嗎？**」

客戶：「當然可以啊。」

業務：「聽到您這麼說，真的很開心。今天的介紹一定可以讓您滿意。」

客戶：「我洗耳恭聽。」

你可以先這麼說，然後再進行簡報。這麼做的好處有很多：

1 說明自家產品靠口耳相傳、口碑推薦販售，以便提升價值。

2 讓客戶對你的產品和服務產生非常良好的印象。

3 讓業務有自信把簡報做得更好。

4 簡報結束後，容易提升客戶轉介的意願。

5 即使客戶最後沒有簽約，也可能願意幫忙轉介。

多數的業務，總是拚命的著重在說明自家的產品和服務，完全不考慮之後請客戶幫忙做轉介這件事上。

這個問句除了可以做好鋪陳，促使客戶幫忙轉介，還能提升簡報內容的品質。僅提出這句短短的「提問」，就可以達到很大的效果，可以說是業務必提問題之一。這個「提問」不僅能讓客戶更有意願替你轉介，還能讓業務的簡報內容變得更豐富，同時改變客戶對業務的印象，帶給客戶很大的影響。

44「您身邊有沒有人需要這些資訊？」

客戶聽完業務簡報之後，心裡會對這個產品或服務留下很好用的印象。特別是如果你在做簡報前已經先引導出客戶的需求的話，這時候將產品和服務當作解決客戶需求的策略解說，效果會更上一層樓。

在這樣的狀態下解說你的產品或服務，一定可以深植客戶的內心。這時候，客戶內心總是很容易產生衝動，想把他聽到的資訊介紹給親朋好友。這時你只要這麼說，就可以引導出客戶想要分享的心情。

業務：「您身邊有沒有人需要這些資訊？」
客戶：「我想想，應該有。」
業務：「您覺得他會喜歡嗎？」
客戶：「我想他光是知道這些資訊，就對他很有幫助了。」

業務：「很高興聽您這麼說。請問他是什麼樣的人？」
客戶：「他也是做業務的。」
業務：「這樣啊，您覺得這些資訊可以幫上他什麼忙？」
客戶：「他不太懂得怎麼跑業務，如果知道這個方法，他一定很高興。」
業務：「嗯，我想應該可以幫得上他的忙。您還想得到其他人嗎？」
客戶：「還有一個人。」
業務：「這樣啊，您可以把這些資訊告訴他們嗎？希望對他們有幫助。」

這麼說之後，客戶就會幫你轉介。重點在於，**要抱著希望可以幫上忙的心情拜託客戶轉介**，以及**轉介的目的只是提供情報**，而非為了成交。

你可以拿出小卡片，記錄下他認為適合轉介的對象的具體情報，像是姓名等，然後再討論要用什麼方式建立關係，你就能成功獲得客戶轉介了。

45 「我覺得對〇先生（小姐）會有幫助。」

轉介的目的，就是要幫上對方的忙，提供有用的產品或服務的訊息給客戶轉介的對象。有些客戶認為，不替業務介紹新客戶買他的產品和服務會覺得不好意思，甚至有些業務也會有這種想法。但你一定要讓客戶知道，**所謂的業務，不過是提供資訊而已**。這麼一來，客戶反而更有意願幫你轉介客人。

業務：「〇先生（小姐），我建議您可以跟那位朋友說，『我覺得收穫很多，△△△也應該聽聽那位業務怎麼說』，您覺得如何？」

客戶：「聽起來不錯。」

業務：「我想他聽完您的介紹應該會很高興才是。光是今天這些情報，我想就能幫上不少忙。」

客戶：「確實如此，讓我有重新思考的機會。」

業務：「謝謝您。」

你可以趁這個時候再跟客戶確認，需不需要再一次向他介紹這些情報。

我再強調一次，因為很多客戶都有「業務等於販售人員」的觀念，所以你要改變客戶的觀念，讓他們覺得**「業務等於提供情報的人」「業務等於幫助我解決課題以及滿足欲望和需求的人」**。

若客戶能理解這一點，轉介這個行為就會變成「有貢獻的行為」「幫助人的行為」，自然而然他就很願意為你轉介。問題在於，即使客戶是抱著這樣的心情為你轉介，也可能遇到被拒絕的情況。當客戶遭到拒絕，心情一定會很失落，進而失去轉介的意願。為什麼，因為他是抱著「對方應該會很高興」的心情做介紹。為了避免這種情形發生，你可以在對話中加上下面這些句子，以防萬一。

業務：「○先生（小姐），您有過這樣的經驗嗎？把資訊介紹給別人的時候，對方卻回答『現在不需要』。」

客戶：「有啊。」

業務：「有時候，雖然我們覺得東西好，但不一定能清楚傳達給對方，對不對？」

客戶：「是啊，確實如此。」

業務：「是吧。這時候我建議您可以跟他說『不一定要跟業務買』，光是聽業務介紹的資訊就很有幫助，只要抱著輕鬆的心情來見面就好了。」

客戶：「原來如此，我知道了。」

業務：「如果這樣還是被拒絕的話，那就算了，不要勉強。可能是時機不對，之後有機會的話再介紹就可以了。」

客戶：「聽你這麼說，我就不那麼擔心了。」

像這樣，客戶的心情就會放鬆許多。而且他已先做好被拒絕的心理準備，才去做介紹，反而可以增加跟朋友介紹的次數。

46 「您在向別人介紹的時候，會擔心什麼嗎？」

因為人擁有貢獻欲，在碰到一件好事情時，總會急著想分享給別人知道。雖然很想分享給別人，但同時也會很擔心「會不會被人認為多管閒事、被討厭」。因此，客戶很容易把轉介這件事當作沉重的負擔。

除此之外，客戶還會擔心「我會不會造成別人的困擾」「對方拒絕我介紹的話，以後會不會和他產生隔閡」「他會不會因為我的介紹，勉強購買產品」等。客戶還會考慮到業務的心情，像是「如果對方不買的話，業務會不會很失望」「對方不買的話，不就顯得我很沒有影響力」等，因此對於轉介一事時常躊躇不定。

如果沒有消除客戶對於轉介的負擔，轉介就無法順利進行。下面這個「提問」可以解決這個問題。

業務：「您在向別人介紹的時候，會擔心什麼嗎？」
客戶：「我想想。」
業務：「什麼都可以，不用客氣，儘管說。」

你可以從這個「提問」著手。客戶大都不會立刻回答這個問題，所以你要加一句「不用客氣，儘管說」，這樣會很有幫助。

接著，你可以使用**問句10**。先表現出同理心，稱讚對方之後，再用「其實……」來展開對話即可。第一階段用「比如說」，第二階段用「具體來說呢」，然後第三階段用「其實……」。

〈客戶擔心對方覺得多管閒事的時候〉
客戶：「這個嘛，我想應該是擔心會不會造成對方的困擾吧。」
業務：「原來如此，**比如說**在什麼狀況下呢？」（第一階段「同理心加比如說」）

客戶：「就是介紹這個情報時，會不會被認為多管閒事。」

業務：「**具體來說**，您覺得對方心裡會怎麼想？」

客戶：「『誰要你多管閒事啊』之類的。」

業務：「原來如此，〇先生（小姐）真會替別人著想。不用擔心，**其實**，我們只不過想提供情報而已，您不覺得對方了解這個情報會很開心嗎？」（第三階段用「同理心加其實……」）

客戶：「應該會吧。」

業務：「對吧。當然，要不要採用，一定是由對方決定，這點我們十分清楚。所以請您不用擔心。」

客戶：「原來是這樣。」

其他像是「會不會造成對方負擔」等，也是套用上面的模式應對即可。

你可以拿出紙筆，把客戶和業務的對話寫出來，把整個過程實際模擬一次。

6

為什麼頂尖業務會不停的自問自答

◎頂尖業務記得「對自己提問」

頂尖業務經常會「對自己提問」，並從這樣的「提問」中，找出自己獨創的見解。他們懂得從「對自己提問」中，實際感受「把感覺轉變為想法，然後昇華成行動」的過程，再把它應用在客戶身上。

首先要理解自己的心理

在第四章的「為什麼那位客戶肯跟我買東西」中，關於人的心理，我曾這麼說：「人只願意照著自己的感覺、想法行事。」基於這樣的心理，我又說：「人的思考模式是照著『感覺、想法↓思考↓行動』這樣的流程進行。」在最後一章，我想告訴大家的是：「當人的想法愈強烈，就會愈快透過行動實現它。」

舉個例子來說。我想很多讀者都會開車吧。請回想你當初想考駕照的心路歷程。在你還小的時候，看到大人開車的樣子，應該心裡會想：「我也好想自己開車喔。」等到了可以考駕照的年齡，這樣的想法應該會更加強烈。因此，你為了考取駕照，便去駕訓班報名上課。在駕訓場，你通過「場內路考」，再通過「場外路考」，最後拿到執照。取得執照後，你一有時間就開車上路練習，慢慢便學會開車了。

這個例子代表什麼？人總是希望照著自己的感覺、想法行事，然後把想法化為行動，不斷努力去實現它。當你的感受和想法愈強烈，把想法化為行動的推進力也就愈強，會讓你想趕快行動實現它。換言之，「**當你的想法愈強烈，就會愈快行動**」。

對自己的「提問」愈深入，對客戶的「提問」也會愈深入

「人只願意照著自己的感覺、想法行事」「感覺、想法↓思考↓行動」「當人的想法愈強烈，就會愈快透過行動實現它」，當你對這三個原則有深刻感受之後，你也可以讓客戶產生同樣的感受。

對自己的「提問」愈深入，你的感覺和想法就愈強烈，接著你就會開始認真思考如何實現。當思考變得明確後，你就會自動自發行動。

這種經驗不斷累積下去，你對客戶「提問」的技巧就會更加得心應手。你可以幫助客戶加深他的感受和想法，並開始思考。當客戶的思考變得明確，他就會想要做出行動，讓客戶自發採取行動。到了這個階段，業務就可以提出自己的產品和服務，作為他實現想法的手段。

因此，**加深對自己的「提問」，連帶的會使你對客戶的「提問」變得更加順利，最後你會發現，你經手的案子全都是客戶自動自發想購買的。**

頂尖業務問自己比問客戶更深

47「我的目標是什麼？」

■這樣對自己有什麼幫助？

不只是業務，對一般的商務人士來說，目標這個用詞總會給人很沉重的感覺。好像非做不可，無形中感到一股壓力。頂尖業務完全沒有這種感覺，反而覺得目標是一種會帶給自己鼓舞、快樂的東西。理由如下：

1 目標就是「標的」。因為有「標的」，所以可以把焦點鎖定在對的方向，確實讓自己朝目標前進。當你模擬的數量、現象、日期等愈具體明確，就愈容易鎖定焦點，朝目標邁進。

因為有「標的」，所以你可以具體擬定前進的方法和計畫。如果沒有「標的」，你就找不到可以聚焦的點。你會變得一直在原地踏步，無法看見新的世界，享受新的樂趣。你會一直待在同一個世界，每天過著千篇一律的無聊日子。

有了目標，你就可以親身體驗全新的世界，每天過著新鮮又雀躍的日子。

2

目標就是「使你成長的動力」。當你有了目標，就會知道自己必須做什麼，哪些事情是必要的，然後你就可以使自己成長。沒有目標的話，你就不會感覺有改變自己的必要，當然也就不會成長。若一直維持自己原本的模樣，你就沒有機會發現新的自己。

有了目標，你就會開始產生變化，經常發現新的自己，你會因此感到興奮和「喜悅」。你會開始期待每一次的變化，經常過著新鮮的日子。你會經歷前所未有的體驗，與從未見過的自己相遇。

3

目標就是「實現夢想、抱負的道路」。目標可以引導你前往新世界，提高你現實的收入和地位。它還是實現你夢想和抱負的道路。從完成切身的小目標開始，你就可以獲得自信，還能學習更多方法去追求更遠大的夢想和抱負。

想攻頂阿爾卑斯山的人，一開始一定都是先從小山開始挑戰。他們從中學會登山的方法，不斷鍛鍊自己，並期望有朝一日可以攻頂。這就是他們攻頂阿爾卑斯山的次序和方法。想要達成大的目標，先從小的目標開始做起。

4 目標就是「喜悅」。目標可以引導我們前往新世界，帶給我們好處，讓我們成長。雖然想要達成目標，必須做很多事情，但這一切的作為，都可以提升我們。

這就是頂尖業務對目標所抱持的觀點。他們絕對不會對目標視若無睹，反而會時時提醒自己目標的存在。因為他們實際感受過目標帶給他們的效果和「喜悅」。

要產生這種效果有一個條件，那就是你必須去做。做什麼呢？「經常提問，然後說給自己聽」。不管這件事對自己有多麼重要、多麼必需，若不提醒，印象就會很薄弱。因為人是健忘的生物。頂尖業務深知這一點。所以他們常常會問自己：「我的目標是什麼？」然後說給自己聽。

■這樣對做業務有什麼幫助？

頂尖業務了解，明確的目標對自己有好處，當然也對客戶有好處。所以，他才會詢問客戶。假使目標對他來說是痛苦的，他就不會詢問客戶了。由於頂尖業務懂得詢問自己的目標，所以他也懂得如何詢問客戶。加上頂尖業務對目標的看法比較獨特，所以通常可以和客戶交織出正向的對話內容。

48 「剛才我哪個部分做得最好？」

■反省對自己有什麼幫助？

頂尖業務深知反省的重要性。反省自己的日常生活，對於做得好的事要問哪裡好，為自己帶來自信。反過來說，做得不好的時候，要問自己以後要怎麼改善，幫助自己精進。最重要的是直視自己做得好以及不好的部分，讓這些經驗成為自己成長的養分。

這樣的反省不限昨天、今天，也可以針對上個禮拜、上個月、半年前、去年、三年前、五年前……進行反省。反省是為了確認目前所在的位置以及成長了多少，確認有哪些部分應該改善。同時也是**反省自己離設定的目標還有多遠**，重新審視邁向目標的計畫，修正軌道。

透過反省的「提問」，可以讓自己對於過去所發生的事情給予正面的肯定，並加以活用。你可以每天跑完業務時，問自己：「我今天跑的業務中，哪個部分做得不錯？」「哪個地方需要改善？」每次跑完業務都問自己同樣的問題，然後把這些經驗活用在下次的業務中。這麼做，你的業務技巧就會逐漸獲得改善，進而確實提升自己的業務能力。

關於反省和接下來要講的模擬，我在《3個問句就能提升業績的提問型業務技巧》這本書中第四章「反省今日事，讓你的業務力倍增」中，有具體說明，該章附有一張表格，也有教大家填寫的方法。

■這樣對做業務有什麼幫助？

頂尖業務懂得在與客戶會面時提出問題。他會全盤肯定接受會話中出現的用詞和內容。由於他什麼內容都可以接受，所以不管客戶怎麼回答，他都可以提出更深入的問題。頂尖業務可以毫不遲疑地對客戶提出問題，因為他平時就不斷地對自己提出問題，反省自己做的事。

49 「今天的會面要怎麼進行？」

■這樣對自己有什麼幫助？

頂尖業務懂得靠「提問」幫助自己進步，從過去的經驗中獲得改善方法和建立自信，並活用於未來。特別是活用在平日的工作或與客戶的會面上。

頂尖業務會做具體的情境模擬。如同我們在**問句47**「我的目標是什麼」中說的一樣，頂尖業務每天都過著有目標的生活。他會對於未來的目標進行情境模擬，檢查實現目標的行動有沒有做好，然後朝目標前進。這裡指的未來，從長期到短期都有，但特別著重在短期，因為短期的狀況比較容易掌握，也比較容易模擬具體的情境。

在各種情境的模擬中，頂尖業務最重視的莫過於和客戶會面。他會問自己：「今天的會面要怎麼進行？」然後模擬具體的狀況。他會分析現狀，預測客戶的欲望、需求、障礙，模擬解決策略和具體的行動。做過情境模擬後，他在實際會面時，就可以表現得很沉穩，充滿自信地與客戶應對。頂尖業務從來不會有「早知道就這樣做」「早知道就這樣說」等後悔的想法，因為他事前已經做過情境模擬了。如果遇到和情境模擬不同的狀況，他會想：「好，那下次就……這麼做好了。」這種情境模擬可以運用在電話預約或隨機拜訪，特別是與大量新客戶做接觸時很管用。另外，當面對客戶做簡報的時候也能派上用場。

頂尖業務會問自己：「今天的會面要怎麼進行？」然後進行模擬，這不只是為了做出最好的應對，也是希望經過日後的活用，不斷增進自己的能力。

■這樣對做業務有什麼幫助？

經由情境模擬，你可以預測面談的內容，並增長自己的信心。即使實際狀況和模擬的不同，你還是可以充滿信心的發揮應對能力。這是情境模擬最大的好處。

在會面中，你可以請客戶談談自己的現狀和需求、面臨的課題，接著再詢問他希望如何解決。假使客戶的回答如你所料，他自己說出解決方法，你就可以自然而然的提出產品和服務。

透過這樣的做法，你可以獲得客戶的信賴。他會認為你是「非常了解自己的業務」。

50 「比如說」「為什麼」「所以說」

■這樣對自己有什麼幫助？

頂尖業務會問自己：「我的目標是什麼？」「我在跑業務的時候，哪個部分做得最好？」「哪個地方需要改善？」「今天的會面要怎麼進行？」等問題，經常讓自己保持在自動自發的積極狀態。

頂尖業務會透過詢問自己，讓自己產生認同感，感受並積極捕捉這時候內心所產生的各種想法，像是理解的感覺、察覺重點的感覺、行動的動機獲得提升的感覺。甚至有創意的修改自己問問題的方式，讓自己可以觸碰到更深層的想法和真意。

有兩個方法可以幫助你達到這個境界：

1 問自己問題時，不只是單純詢問，重點在於引導出自己的想法。首先，全面性的接受自己的感覺、想法、思考、行動。記住，不可以有一絲一毫的否定，一定要全面的肯定、接受。然後再慢慢引導出自己的想法、思考。

2 使用「比如說」「為什麼」「所以說」加深回答的深度。

「**比如說**」可以幫助我們找出具體的事例。「比如說，什麼樣的事情？」「比如說，會變成怎麼樣？」透過思考具體內容，你才會對你的思考產生實際的感受。

「**為什麼**」可以幫助我們摸索自己做出某種回答的理由和動機。「為什麼我會這麼思考？」「為什麼我會這麼想？」透過這樣的問題，你可以了解自己的價值觀，以及重視的事物。

「**所以說**」可以幫助我們引導出結論。「所以說，我該怎麼做才好？」由自己做出結論，並自動自發的行動。

你必須不斷提出這三個問題，向下挖掘，引導出最終的結論。透過這兩種方法，你可以挖掘出自己內在更深層的部分。一旦挖掘出來，你就會認同、理解，然後自發性的採取行動。

■這樣對做業務有什麼幫助？

「提問」的重點在於夠不夠深入。問得夠深入，才能讓客戶察覺自己內心的真意，那才是他真正想過的生活方式，真正希望達成的目標。要讓客戶做到這一步，前提是你的「提問」要夠深入。但問題是，假如你自己都無法做到這一步，就無法對客戶提出夠深入的問題。很多業務會擔心：「問太過私人的問題會不會被討厭？」「會不會惹對方生氣？」絕對沒有這回事。如果你可以幫助客戶察覺他自己內心深處的真意，找出他自己真正重視的事物的話，他反而會很感謝你。

這種感覺如果不先靠對自己的「提問」實際感受過一次，絕對無法理解。就這層意義來說，深入的「提問」，必須靠自己鍛鍊才行。對自己的「提問」能多深入，你對客戶的「提問」就有多深入。

結語 CONCLUSION

◎當業務，從「懂提問」開始

說到提問型業務技巧的效果，大概沒有人比我的感受更深刻了吧。提問型業務技巧，是我透過自己的實踐經驗所完成的技巧。在實踐的過程中，我不斷自問自答：「為什麼效果這麼好？」「為什麼跑業務可以這麼快樂？」「這和以前那種以說明為主的業務技巧有什麼不同？」然後不斷分析，把它理論化、系統化。

我最後歸納出兩個原則「人只願意照著自己的感覺、想法行事」「業務（工作）就是在幫助別人」，以及兩個方法「溝通就是『好感→提問→同理心』」「提問就是按順序『對現狀、欲望、課題、解決策略重複確認與提案』」。只要照著做，無論是誰使用這個技巧，都可以順利重現它的效果。

於是，我開始對許多個人以及企業，指導提問型業務技巧。在這段時間，我仍不斷分析，盡量把它的內容改良成大家都可以簡單實踐的技巧。這本書就是這門技巧的集大成。特別是在這次的書中，我詳細而且具體的列出每個問句，盡量忠實呈現出每個不同的業務階段，可能會碰到的疑問，像是：「該怎麼提問？」「為什麼要提這個問題？」「怎麼使用這些問句？」等。這本書網羅了我從建立關係到追蹤，經常拿來指導業務的基本問句。很多人想知道什麼是以「提問」為中心的會話，相信這本問句集可以滿足他們的好奇心。

寫完這本書，我自己重讀一遍後，深感驚訝。因為我發現本書具有以下特色：「只要照著本書的內容實踐，就可以掌握提問型業務技巧」「忠實照做的人，光靠這一本書，就能理解提問型業務技巧」「這本書對於提倡提問型業務技巧的本公司而言，一定是強而有力的幫手」。

本公司的理念是把日本式的業務概念，改變成「以幫助客戶的提問型業務技巧為主的業務」，等於是改變大家對於業務這個職業的印象。為此，我們必須讓更多業務知道提問型業務技巧的優點，請他們加以實現。基於這個想法，我認為本書確實可以加快推廣本公司的理念。

我推薦大家一定要嘗試站在客戶立場，使用幫助客戶的提問型業務技巧。希望能有更多業務體會到真心讓客戶開心，獲得客戶感謝的感覺。據說現在的社會新鮮人最不想從事的職業，就是業務。聽到這個消息，我感到非常訝異。這是正在從事業務工作的我們應負起的責任。因為從事業務工作的我們，沒有精神奕奕，神采飛揚所致。我希望以後，即將成為社會新鮮人的人看到我們會心想：「我想變成這樣的人！」我想小孩子可能還不懂業務這門職業是什麼，但我希望可以創造出一個當小孩子看到業務這個職業，心裡會產生憧憬的時代。

我們正逐步地推廣提問型業務技巧。二〇一五年，為了拓展提問型業務技巧的基礎提問型溝通技巧，我們成立了一般社團法人提問型溝通技巧協會。這個協會推廣的對象不限業務，也包括公司內部、朋友、家庭等，幫助大家活用提問型溝通技巧改善人際關係。實際的成果包括、獲得大阪府、東京都等地方政府連續七年採用我們的提問型溝通技巧，並獲得很高的評價。

首先，很高興你選擇了這本書，讓我們有緣相遇。既然你都已經讀到這最後一頁，希望您務必嘗試本書介紹的提問型業務技巧。也很歡迎你把實踐後的成果和變化，透過電子郵件、明信片，或是直接打電話告訴我，我會很開心。衷心期待你的回應。

最後，我要由衷感謝從上一本書到這一本書，給予我溫暖確實的指導的鑽石社的編輯武井康一郎先生，以及總是守護著我、持續看顧著我，今年已經高齡九十的父親以及八十五歲的母親。

二〇一六年三月
青木毅

作者簡介

AUTHOR

青木毅

一九五五年生。大阪工業大學畢業後，曾從事餐飲業、服務業、不動產業，之後任職於美國人才教育公司代理商。一九八八年，在超過一千名的業務之中，五年內累積的業績第一名。一九九七年，開發提問型業務技巧。一九九八年，榮獲個人、代理商業績全國第一名，以及在全世界八十四個國家、兩千五百間的代理商中脫穎而出，榮獲世界大賞。成立Realize股份有限公司（總公司：京都府）之後，於二〇〇二年開發提問型自我管理技巧。於大阪府、東京都等地方政府，負責指導提問型溝通技巧。二〇〇八年，成立針對個人、企業指導提問型業務技巧的顧問公司。現在，於大型汽車經銷商、建設公司、保險公司、大企業等指導提問型業務技巧，並在三個月內就確實提升公司業績，獲得很高的評價。二〇一六年，成立一般社團法人提問型溝通技巧協會，開始把提問型溝通技巧普及化，推廣給一般民眾。

Podcast節目《青木毅的提問型業務技巧》累計的下載次數至今已經超過四百萬次。著作有《3個問句就能提升業績的提問型業務技巧》等書籍。

「提問型業務技巧」（質問型営業®）、「提問型管理技巧」（質問型マネジメント®）、「提問型自我管理技巧」（質問型セルフマネジメント®）、「提問型溝通技巧」（質問型コミュニケーション®），皆為Realize股份有限公司的註冊商標。

國家圖書館出版品預行編目（CIP）資料

頂尖業務的50個最強問句：世界銷售冠軍告訴你，「懂提問」就能當場成交！（長銷新裝版）／青木毅著；鄭舜瓏譯. -- 二版. --
臺北市：今周刊出版社股份有限公司，2023.03
208面；14.8×21公分. --（Unique系列；UQ10062）
譯自：3か月でトップセールスになる 質問型営業最強フレーズ50
ISBN 978-626-7266-12-0（平裝）

1.銷售 2.職場成功法

496.5 112000891

Unique 系列 UQ10062

頂尖業務的50個最強問句（長銷新裝版）

世界銷售冠軍告訴你，「懂提問」就能當場成交！

3か月でトップセールスになる　質問型営業最強フレーズ50

作　　者　青木毅
譯　　者　鄭舜瓏
編　　輯　李潔鈴／李珮綺
總 編 輯　許訓彰
封面設計　木木lin
內文排版　菩薩蠻數位文化有限公司

行銷經理　胡弘一
企畫主任　朱安棋
行銷企畫　林律涵、林苡蓁
印　　務　詹夏深

出 版 者　今周刊出版社股份有限公司
發 行 人　梁永煌
社　　長　謝春滿

地　　址　台北市中山區南京東路一段96號8樓
電　　話　886-2-2581-6196
傳　　真　886-2-2531-6438
讀者專線　886-2-2581-6196轉1
劃撥帳號　19865054
戶　　名　今周刊出版社股份有限公司
網　　址　www.businesstoday.com.tw

總 經 銷　大和書報股份有限公司
製版印刷　緯峰印刷股份有限公司
二版一刷　2023年3月
二版二刷　2024年4月
定　　價　330元

3 KAGETSU DE TOP SALES NI NARU SHITSUMONGATA EIGYO SAIKYO PHRASE 50
by TAKESHI AOKI

unique

unique

U unique